江西理工大学优秀学术著作出版基金资助

全柔顺并联机构理论

——空间微纳尺度超精密定位系统研究

朱大昌　李　培　顾起华　著

北　京
冶 金 工 业 出 版 社
2013

内 容 提 要

本书针对目前全柔顺并联机构的空间构型综合及智能控制等亟待解决的技术问题，详细阐述了采用空间拓扑优化设计方法、螺旋理论及空间几何约束形式进行新型全柔顺并联机构空间构型设计的原则与方法，并介绍了运用全柔顺并联机构实现空间微纳尺度超精密定位的有关研究工作。

本书可供从事柔顺、并联机构学及空间微纳尺度超精密定位研究工作的人员、大专院校机构学及智能控制专业的师生以及有意于在空间微纳尺度超精密定位技术领域发展的企业的相关人员参考。

图书在版编目（CIP）数据

全柔顺并联机构理论：空间微纳尺度超精密定位系统研究/朱大昌,李培,顾起华著.—北京:冶金工业出版社,2013.9

ISBN 978-7-5024-6388-5

Ⅰ.①全…　Ⅱ.①朱…　②李…　③顾…　Ⅲ.①空间并联机构—研究　Ⅳ.①TH112.1

中国版本图书馆 CIP 数据核字（2013）第 223426 号

出 版 人　谭学余
地　　址　北京北河沿大街嵩祝院北巷 39 号，邮编 100009
电　　话　(010)64027926　电子信箱　yjcbs@cnmip.com.cn
责任编辑　杨　敏　美术编辑　杨　帆　版式设计　杨　帆
责任校对　李　娜　责任印制　张祺鑫
ISBN 978-7-5024-6388-5
冶金工业出版社出版发行；各地新华书店经销；三河市双峰印刷装订有限公司印刷
2013 年 9 月第 1 版，2013 年 9 月第 1 次印刷
148mm×210mm；5.875 印张；173 千字；178 页
22.00 元

冶金工业出版社投稿电话:(010)64027932　投稿信箱：tougao@cnmip.com.cn
冶金工业出版社发行部　电话:(010)64044283　传真:(010)64027893
冶金书店　地址：北京东四西大街 46 号(100010)　电话:(010)65289081(兼传真)

前　言

本书是国家自然科学基金资助项目“基于全柔顺并联支撑机构的空间微纳尺度超精密定位系统研究”（项目编号：51165009）和“纳米级精度微运动测量与柔顺机构微动平台微位移检测”（项目编号：51105077）以及江西省自然科学基金资助项目“基于全柔顺并联支撑机构的空间微纳尺度超精密定位系统研究”（项目编号：20114BAB206008）的部分研究成果（以上研究项目依托单位为江西理工大学），主要介绍采用空间拓扑优化设计方法、螺旋理论及空间几何约束形式进行全柔顺并联机构空间构型综合，并将全柔顺并联机构作为空间微纳尺度超精密定位平台支撑机构，进而研究其超精密定位特性。

超精密定位技术广泛应用于微电子制造、微机电系统、生物医学工程等尖端领域，是先进制造领域的重要研究方向之一。它的发展是其他尖端技术的基础，是推动整个科技向高层次发展的重要手段。它的各项技术指标是各国高技术水平的重要标志。“微纳尺度精密制造技术”是已列入我国中长期科学和技术发展规划纲要（2006～2020年）的前沿技术之一。

超精密定位技术是包括精密微机械技术、精密测量和精密控制的一门综合学科。超精密定位系统的研究必须满足的条件有：具有纳米级甚至亚纳米级的高定位分辨率和较高的精度稳定性；具有较高的固有频率，以确保定位平台具有良好的动态特性和抗干扰能力；采用精密控制方法，抑制外界随机性干扰对定位过程的影响，提高其响应速度。目前，限制超精密定位技术发展的关键性技术问题主要集中在两个方面：一是作为定位平台支撑机构的微机构；二是解决外界干扰的精密控制策略。

本书基于空间拓扑优化设计方法、螺旋理论及空间几何约束形式，对组成全柔顺并联机构空间构型进行综合，解决了“堆积木式”全柔性并联机构构成方式这一技术问题，进而对全柔顺并联机构整体组成刚度进行分析与仿真研究。在此基础上，采用模糊PID轨迹跟踪控制方法，对空间3－RPS型全柔顺并联机构进行控制系统设计与仿真研究。

由于作者的水平有限，书中难免有不足或不妥之处，敬请读者批评指正，对此作者不胜感谢！

作 者

2013年6月

目　录

1 绪 论

1.1 柔顺机构发展概况

在精密定位、精密操作系统中，最重要的组成部分是微操作机构，它起着传递或输出运动和力的作用。在传统机构设计中，传递运动或力的机构主要依赖于传动副结构形式。然而传统机械结构中的零部件随着加工制造产品对尺寸小型化、微型化需求的提高，面临的制造、装配和维护中的困难越来越突出。随着机构学、结构力学以及计算机技术的发展，在这些学科交叉领域内，为了达到微机械系统所要求的微型化、轻量化、无间隙等高端加工要求，产生了一类新型机构类型——柔顺机构。1968 年，Buens 和 Crossley[1] 提出了柔顺机构的概念，Her[2] 在其博士论文中规范了柔顺机构的概念，率先开展了在柔顺机构设计方面的研究工作。

柔顺机构是一种通过其部分或全部具有柔性的杆件的弹性变形来产生位移并传递运动、力或能量的机构。传统刚性机构和典型的柔顺机构如图 1 –1 所示。

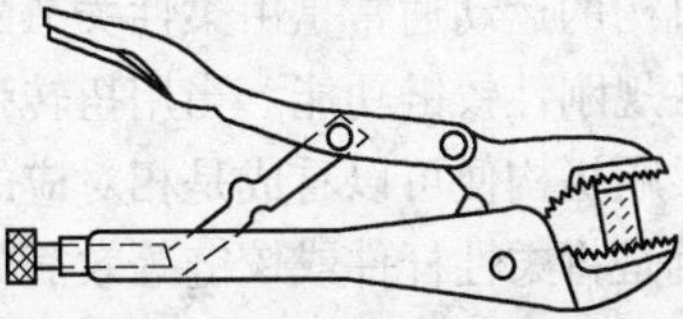

(a)

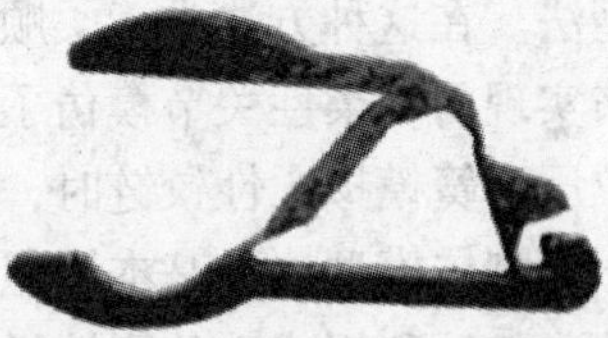

(b)

图 1 –1 传统刚性机构和典型柔顺机构

（a）刚性夹钳；（b）柔顺夹钳

与传统刚性机构不同的是，柔顺机构不仅可以从柔性铰链的微位移获得机构整体运动性，还可以从柔顺部件的变形获得机构整体运动性。柔顺机构传递运动的优越性主要表现在两个方面：一是降低成本（减少零件数目、减少装配时间、简化制造过程等）；二是提高运动学和动力学性能（提高运动精度，增加可靠性，减小磨损，减轻重量，减少维护等）。因此，柔顺机构已经在微机电系统（MEMS）器件设计、微机电系统（MEMS）产品装配、生物工程显微操作、医学显微外科手术、光纤对接以及航空航天等领域得到了广泛的应用。

1.1.1 柔顺机构设计方法

相对传统刚性机构设计而言，柔顺机构设计是一个比较新的研究领域。由于柔顺机构在弹性变形特性方面的复杂性，通常其设计不像刚性机构那样具有系统性。目前，对于柔顺机构的优化设计主要有两类方法：第一类方法是运动学方法或称为伪刚体模型法，这种方法采用刚体动力学分析方法，在对与柔顺机构相类似的刚性连接机构分析的基础上，进行柔顺机构构型优化设计；第二类方法是结构优化方法或称为拓扑优化方法，这种设计方法采用拓扑优化设计方法对柔顺机构的拓扑形状、尺寸等进行机构构型设计。

1.1.1.1 运动学方法（伪刚体模型法）

Her 和 Midha[3] 最早致力于柔顺机构构型综合运动学方法的研究工作，这种方法建立在传统的刚体运动学基础上，根据运动学理论获得机构基本构型形式，并通过引入柔顺构件将其转化为部分柔顺机构或具有集中柔度的全柔顺机构。1996 年，Howell[4] 等进一步提出了著名的、用于设计和分析具有短长度柔性铰链大变形柔顺机构的伪刚体模型法。在这种方法中，柔顺机构的运动通常是由柔性关节的弯曲变形来实现的，柔性关节模仿了常规刚性铰链功能。当用扭转弹簧和直线拉压弹簧模拟柔性铰链时，柔顺机构便可以看成是相对应的刚性机构。伪刚体模型法的基本思想就是将柔性杆件或铰链等效简化为刚性杆件，然后利用成熟的刚性机构综合方法对其进行分析和设计。伪刚体模型法设计思路如图 1 - 2 所示。

基于伪刚体模型法，Her 和 Chang[5] 提出了一种柔性铰链式微动平台的线性模型分析方法。该方法适用于分析带有柔性铰链的柔顺机构，通过建立运动链线性方程，结合虚功原理补充能量方程，可求解出平台的位置关系，使微动平台的建模得以简化。余跃庆等[6] 将一般平面柔顺机构等效为由刚性杆件和弹性元件所组成的简单刚性机构，建立相应的伪刚体动力学模型，同时将柔顺机构等效为弹性连杆

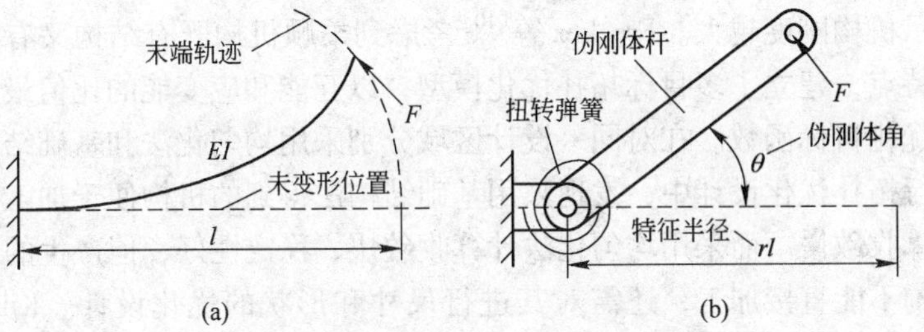

图 1-2 伪刚体模型法设计思路示意图
(a) 一端固定的悬臂梁；(b) 等效的伪刚体模型

机构来建立动力学方程，并把伪刚体动力学模型的计算结果与等效的弹性连杆机构的计算结果进行对比。对比结果表明：采用伪刚体模型法建立的柔顺机构动力学模型具备柔性特性。于靖军等[7]对集中柔度的全柔顺机构进行了较为系统的研究，包括全柔顺机构的构型综合、柔顺铰链、机构运动学与动力学、机构静刚度以及机构优化设计方法等，并提出扩展伪刚体模型法，以解决空间柔顺机构的设计与分析问题。然而，伪刚体模型法必须事先知道刚性机构的原理才能进行相应的柔顺机构设计，从而导致该方法不能脱离传统刚性机构运动学设计的框架。

1.1.1.2 结构优化方法（拓扑优化方法）

为减小集中式柔顺机构的应力集中现象，使柔顺机构能通过它的全部或部分部件的弹性变形来获得事先规划的运动轨迹，并克服伪刚体模型法只能在给定刚性机构的基础上进行尺寸优化的局限性，1994年，美国 Pennsylyania 大学的 Ananthasuresh[8]首先将拓扑优化的均匀方法引入柔顺机构的设计中，并用互能来描述机构的柔性。利用连续力学方法和结构优化技术中的均匀化方法发展了具有分布柔度特点的柔顺机构综合方法论，从而将柔顺机构的拓扑形式、结构尺寸及形状优化统一了起来，为柔顺机构的系统设计提供了新的理论方法，开创了分布式柔顺机构设计的新领域。虽然由于目标函数的选取使设计结果更像刚性机构而非柔顺机构，但这一思想开创了应用拓扑优化方法进行分布式柔顺机构设计的先河。

Shield 和 Prager[9]提出互能的概念，用互能表征机构柔度，用应变能表征机构刚度。互能越大，表示机构柔度越大，应变能越小，则表示机构刚度越大。Frecker 等[10]考虑到柔顺机构既有结构又有机构的特点，建立了多目标拓扑优化模型，以互能和应变能的比值最大化为优化目标函数。在对同一设计区域分别采用均匀化法和基础结构法进行拓扑优化设计中，发现采用基础结构法得到的机构便于加工，但计算收敛慢。而采用均匀化法计算收敛快、稳定性好，但产生的优化机构不能直接加工，还需对其进行尺寸和形状的优化设计。Kikuchi 等[11]应用均匀化方法进行了柔顺机构设计研究，以多载荷互能和应变能的加权对数和为目标函数，并考虑了位移约束。

Larsen 等[12]提出了几何增益和机械增益的概念，以机械增益和几何增益误差和作为目标函数研究柔顺机构，得到负泊松比的微型材料结构，设计出力反向机构、夹钳机构和两输入两输出柔顺机构，但其设计是通过把两套单输入单输出机构叠加，且由于其目标函数的选取问题使得机构无法实现可控轨迹输出。Lau 等[13]研究了柔顺机构目标函数的选取问题，认为柔顺机构优化模型中以几何增益、机械增益或者输入输出功之比作为目标函数比较合适。Sigmund[14, 15]采用几何增益和机械增益为目标函数，讨论了用输入位移约束代替应力约束的方法，并引入弹簧模型来模拟工件的刚度，使优化结果依赖于弹簧刚度，这样所得到的机构更加合理，并对优化中出现的三个数值问题提出网格独立滤波技术处理方法。数值算例结果表明：柔顺机构的拓扑形状与输入位移约束、设计区域情况、边界条件以及弹簧刚度等有密切关系，而网格独立滤波方法能有效地处理棋盘格式和网格依赖性问题。

Pedersen[16]对大变形柔顺机构进行了几何非线性拓扑优化设计，以输出点坐标误差作为目标函数，采用伴随矩阵法求解敏度，以移动近似算法作为优化求解器，设计了柔顺机构。数值算例结果表明：非线性有限元模型对大变形柔顺机构的分析设计非常重要。Saxena 等[17]采用基础结构法进行柔顺机构几何非线性拓扑优化设计，以输出点坐标误差为目标函数，对同一设计问题采用线性拓扑优化模型和几何非线性拓扑优化模型进行设计后，对比分析发现对柔顺机构进行几何非线性拓扑优化设计是非常必要的。Joo[18]也对柔顺机构进行了几何非线性拓扑优化设计。

Du 等[19]把无网格伽辽金法引入拓扑优化设计方法中，利用其离散和求解了热固耦合场的控制方程，进行了几何非线性热固耦合柔顺机构的优化设计研究。Yin[20]对多材料、多物理场柔顺机构的设计问题做了进一步的研究，在设计时应用峰值函数来模拟材料进行拓扑优化设计。Jonsmann[21]用拓扑优化方法进行了微型热传感器方面的研究。Hetrick 和 Kota 等[22, 23]进行了柔顺机构的应用研究。

在国内，张宪民[24]分析和比较了基础结构法和均匀化法两种物理模型描述方法，并基于能量法研究了单输入单输出柔顺机构和单输入多输出柔顺机构拓扑优化设计的优化数学模型建立方法，给出了拓扑结构的提取及过滤算法。谢先海等[25]应用均匀化法，以机械效率为目标函数，采用准则优化方法建立柔顺机构的拓扑优化数学模型，并推导出基于弹簧模型的柔顺机构机械效率计算表达式。孙宝元等[26,27]以均匀化法建立物理模型，对单输入单输出柔顺机构进行拓扑优化设计，研制出用于电泳芯片装配的毛细管微夹钳柔顺机构。刘震宇[28]从偏微分方程反问题的角度出发对优化过程中出现的数值计算不稳定现象做出了一个全新的解释，并提出了窗函数方法来处理三个数值问题：棋盘格式、网格依赖性和局部极小值。数值算例表明采用此方法能解决部分拓扑优化的数值问题。梅玉林[29]结合多材料结构的向量水平集表示、材料界面追踪的水平集算法、梯度投影方法、非线性映射技术、返回映射算法和平均曲率技术，提出了适用于一般目标函数、多载荷工况、多约束和多材料的结构拓扑优化水平集算法，并采用这种方法进行了刚性机构、柔顺机构和复合材料微结构设计的研究工作。大连理工大学王力鼎院士领导的研究小组一直从事微型电机、微型夹钳等方面的研究工作，目前已研制出纵弯式压电微型电机、端面摇摆式电磁微型电机、静电力驱动的硅微型夹钳、压电陶瓷驱动的具有放大机构的记忆合金微型夹钳等[30, 31]。

1.1.2 拓扑优化设计方法

拓扑学（Topology）是数学中的一个重要基础分支。Topology 原意为地貌，起初是出于数学分析的需要而产生的一些几何问题，被描述成“橡皮泥上的几何学”，研究几何图形在连续不变形下保持不变的性质（连续变形，形象地说就是允许伸缩和扭曲等变形，但不允许割断和粘合）。一般地说，对于任意形状的封闭曲面，只要不把曲面撕裂或割破，其变换就是拓扑变换，也就存在拓扑等价。例如，所有多边形和圆周在拓扑意义下是一样的，因为多边形可以通过连续变形变成圆周。因此，在拓扑学家眼中，它们是同一个对象。而圆周和线段则在拓扑意义下含义不同，因为把圆周变成线段会产生断裂（不连续）。

拓扑优化是结构优化的一种。结构优化可分为尺寸优化、形状优化和拓扑优化[32]。其中尺寸优化以结构设计参数为优化对象，例如板厚，梁的截面宽、长度和厚度等；形状优化以结构件外形或孔洞形状为优化对象，例如凸台过渡倒角的形状等；拓扑优化以材料分布为优化对象，通过拓扑优化可以在均匀分布材料的设计空间中找到最佳分布方案。拓扑优化相对于尺寸优化和形状优化具有更多的设计自由度，能够获得更大的设计空间，是结构优化最具发展前景的优化设计手段。尺寸优化、形状优化和拓扑优化在设计圆孔时的对比示意图如图 1－3 所示。

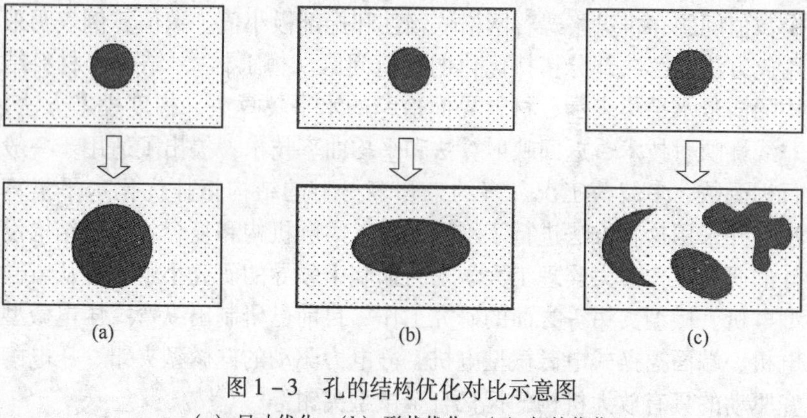

图 1－3　孔的结构优化对比示意图

（a）尺寸优化；（b）形状优化；（c）拓扑优化

从图 1-3 的描述中可以发现，拓扑优化主要探讨结构中各个组元的相互连接方式、结构内有无孔洞、孔洞的数量以及它们的位置等拓扑形式。通俗地讲，拓扑优化就是在产品结构上通过合理的“打孔”来实现给定的优化目标。这里的“打孔”首先是建立在有限元模型的基础上，拓扑优化软件按照各种算法去除设计变量中所包含的单元来完成“打孔”工作。如果“打孔”后的模型可在约束条件下满足目标函数要求则完成计算，如果不能达到则继续迭代分析。目前，拓扑优化分析所支持的目标函数主要包括结构强度最大、结构变形最小(通常用应变能表示)、结构散热速度最快、结构中某一关键部位应力集中最小、结构频率响应最高等[33~35]。

1.1.2.1 拓扑优化模型

在介绍拓扑优化模型之前，首先必须要了解结构优化三要素的概念[36]。在结构优化算法中，三要素是设计变量、目标函数和约束条件。设计变量是产品结构中所需要调整的参数；目标函数是要求产品所达到的性能指标；约束条件则是在作调整时的限制条件。有时约束条件也可作为目标函数用于完成多目标优化。例如，同时要求一件产品结构重量极轻而刚度极大，在这种情况下，就可以把“刚度极大”设定为目标函数，再给定一个减轻结构重量的约束条件，这样则可以同时完成这两个目标的拓扑优化设计。

材料最优化分布模型在结构拓扑优化定义中就是确定材料在设计空间中何处应该有实体材料，何处没有实体材料的问题。在数学上定义如下特征方程：

$$x_e = \begin{cases} 1 & \text{if} \quad x_e \in \Omega_s \\ 0 & \text{if} \quad x_e \in \Omega / \Omega_s \end{cases} \tag{1-1}$$

式中，Ω 是初始给定设计区域；Ω_s 是实体材料所占的区域；Ω/Ω_s 是孔洞所占的区域。设计域及其边界条件如图1-4所示。

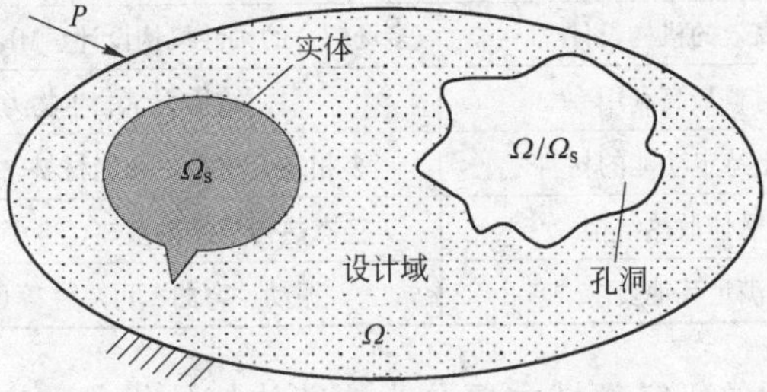

图1-4 设计域及其边界条件

拓扑优化模型的一般化数学表达形式如下：

$$\text{Find}: x_i \quad (i=1,2,\cdots,n)$$

$$\text{Min}: f(\boldsymbol{x})$$

$$\text{s.t.} \begin{cases} g_j(\boldsymbol{x}) & (j=1,2,\cdots,n) \\ x_i^{\mathrm{L}} \leqslant x_i \leqslant x_i^{\mathrm{U}} & (i=1,2,\cdots,n) \end{cases} \tag{1-2}$$

式中，$\boldsymbol{x}$ 为设计变量的向量表示；x_i^{L} 和 x_i^{U} 为设计变量 x_i 的下界和上界值；$f(\boldsymbol{x})$为目标函数；$g_j(\boldsymbol{x})$为约束函数。目标函数和约束函数可以是结构的重量、应力、位移、频率、弯曲载荷、动载荷下结构的瞬态响应、瞬态温度场、耦合热应力和最佳散热性等性能函数。它们一般是设计变量的隐式函数，需要用有限元分析来求得。

1.1.2.2 拓扑优化的应用

拓扑优化作为一种新兴的结构优化技术，随着基础理论和其他相关技术的发展，为工程设计和分析人员提供了一条新的结构优化技术途径。这种方法自动化程度高，可大大降低工程技术人员的工作量，同时也可避免因多次重复设计所带来的不便，在工程中得到了广泛的应用。

工程上，拓扑优化过程是在一个设定的区域（设计域）内，在满足一定的边界条件（如外载荷、特种频率等）的情况下，使材料重新分布并获得预期的性能。表 1－1 给出了拓扑优化在工程领域中的应用情况。

表 1－1 拓扑优化的应用研究

序号	优化目标	应用研究
1	最佳传力途径	刚性结构设计、柔性机构设计、多目标优化设计
2	高效的机构设计	多场耦合的柔性机构设计、MEMS 微器件设计
3	材料最高利用率	结构力学、生物力学
4	满足特定功能的材料	多相复合材料、智能材料、零膨胀材料
5	最佳散热结构	稳态热传导结构散热、电子元器件散热
6	满足其他要求	振动、弯曲、可靠性等目标设计

拓扑优化的研究领域主要分为连续体拓扑优化和离散体拓扑优化[37]。连续体拓扑优化是把优化空间的材料离散成有限个单元（壳

单元或体单元）；离散体拓扑优化是在设计空间内建立一个由有限个梁单元组成的基结构，然后根据算法确定设计空间内单元的去留，保留下来的单元即构成最终的拓扑方案。

对离散体拓扑优化的研究最早开始于1904年Michell提出的桁架结构设计理论[38]，其设计结果为两两正交的二力杆。根据经典力学理论，拉压杆件的效率最高，所以从材料的使用效率上看，Michell桁架结构重复发挥了材料的作用，其优化结果如图1-5所示。

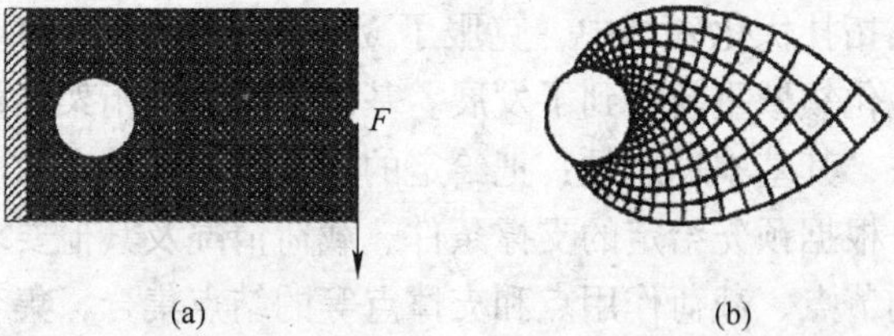

图1-5 离散结构拓扑优化实例（Michell桁架结构）
（a）设计域；（b）桁架结构

我国古代赵州桥的设计中就包含有非常原始的拓扑优化理论，古人在考虑桥体承受一定载荷作用下，设计出最简洁、结构整体刚性最好的桥体结构。图1-6为赵州桥的实物结构图与拓扑优化方法得到的拓扑优化结构图，可以看出两者具有非常相似的结构拓扑形式。

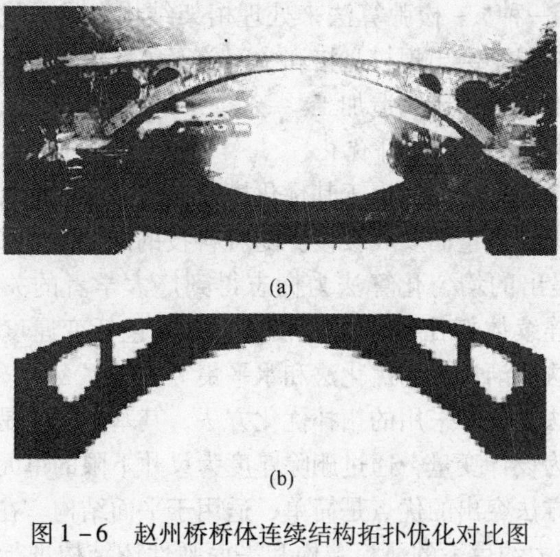

图1-6 赵州桥桥体连续结构拓扑优化对比图
（a）实物结构图；（b）拓扑优化结构图

1.1.2.3 离散体拓扑优化

离散体拓扑优化是从最具代表性的桁架结构开始的，其理论解析方法可追溯到由 Michell 提出的桁架结构的设计理论。在一般的桁架拓扑优化问题中，通常假定外力、支撑和节点为给定值，要求确定节点之间杆件的最优连接情况及杆件横截面积，使结构的重量或造价最小，同时满足应力、节点位移和结构柔顺性等功能要求。Dorn 和 Gomory 等[39]提出了基础结构法（ground structure approach），将数值计算方法引入拓扑优化领域中，克服了 Michell 桁架理论的局限性，从而使拓扑优化领域重新得到了发展。基础结构法是桁架结构拓扑优化的主要方法，其基本思想是：把给定的初始设计区域离散成足够多的设计单元，根据预先给定的支撑条件、载荷情况及其他要求，建立一个包含结构节点、载荷作用点和支撑点等的结点集合，集合中各结点之间由杆件连接，形成基础结构，并在此基础上建立优化数学模型。在优化过程中以杆件的横截面积或某个尺寸参数作为设计变量，确定杆件的删除与添加，随后采用适当的优化算法进行计算，从基础结构中将某些不必要的单元删除掉，最终得到结构的最优拓扑结构[40~42]。Ringertz[43]建立了桁架结构拓扑优化的最优准则，使用该准则可以从包含所有可行杆单元的基本结构中确定最优结构。程耿东等[44]提出了一种 ε - 松弛算法来处理桁架结构奇异最优解，该方法的拓扑优化结果不会出现棋盘格和中间单元等数值不稳定现象，并且所设计出来的结构易于制造加工。

1.1.2.4 连续体拓扑优化

连续体拓扑优化方法由于其优化模型描述方法的困难以及数值优化算法的巨大计算量而发展缓慢。随着科技的进步，其以 Bendsoe 和 Kikuchi[45]提出的均匀化算法为标志得到广大学者的关注并逐渐发展。目前，连续体拓扑优化方法较多，主要包括变厚度法、均匀化法、变密度法、渐进结构优化法和水平集等方法。

变厚度法是较早采用的拓扑优化方法，其基本思想是：以结构中单元的厚度为设计变量，通过删除厚度为尺寸下限的单元实现结构拓扑优化。该方法突出的优点是简单，适用于平面结构。在此方面，王健等[46]对应力约束下的薄板结构和平面弹性体结构进行了拓扑优化设计。Tenek 和 Hagiwara[47]对薄壳结构进行了拓扑优化设计。周克民等[48, 49]用变厚度单元法对结构进行了拓扑优化设计与分析。

均匀化法是连续体拓扑优化研究应用最广的一种方法，Cheng 和 Olhoff[50]首次将微结构引入结构优化设计，拓展了设计空间。该方法的基本原理是：在拓扑结构的材料中引入微结构，优化过程中以微结构几何尺寸为拓扑设计变量，通过改变微结构的尺寸产生由中间尺寸构成的复合材料微结构，实现拓扑优化模型和尺寸优化模型的统一性和连续性。Bendsoe 等相继在微结构模型研究方面提出方形空心微结构[51]、两级排列分层微结构[52]、长方形空洞微结构[53]、三维分层排列微结构[54]等模型，并指出正交微结构假设将导致错误结果[55]。均匀化法在各类拓扑优化问题中得到广泛应用，研究范围涉及多工况平面问题[56]、三维连续体问题[57]、考虑振动情况的二维问题[58, 59]、热弹性问题[60]、考虑弯曲的连续体问题[61]、三维壳体问题[62]及复合材料拓扑优化问题[63]等众多方向。

变密度法是在均匀化法的基础上发展起来的，是通过引入一种假想的密度可变的材料，以具有连续变量的密度函数线性表达单元相对密度与材料物理参数（如许用应力、弹性模量等）之间的对应关系的一种方法。该方法给予各向同性材料不需引入微结构和附加的均匀化过程，而是以每个微单元的相对密度作为设计变量，在 0 ~ 1 之间连续变化。Mlejnek[64]建立了基于变密度法的拓扑优化模型。Yang[65]对车身结构的拓扑优化进行探索。王健等[66]解决了应力约束下平面弹性结构的拓扑优化问题。袁振等[67]研究了基于杂交元和变密度法的连续体结构拓扑优化问题。

渐进结构优化法是近年来兴起的一种结构优化方法，它是基于进化理论，在优化过程中逐渐移去结构中的材料来获得优化结果，采用固定的有限元网格，对存在的材料单元编号为非零，而对不存在的材料单元编号为零。基于这种零和非零模式，实现结构拓扑优化。该方法采用已有的有限元分析软件，通过迭代，在计算机上实现优化过程，具有良好的通用性。渐进结构优化法不仅可以解决各类结构的尺寸优化问题，还可同时实现形状和拓扑的设计与优化。然而，不少学者认为渐进结构优化法缺乏严密的数学论证。虽然存在上述争论，渐进结构优化法由于其原理简单、与有限元模型有良好的结合性而获得越来越广泛的应用[68~70]。

Sethian 和 Wiegmann[71] 首先将水平集方法引入结构拓扑优化领域中，进行等应力结构的优化设计。这种方法是根据结构应力分布，按给定的体积去除沿等应力线的插入孔，以改变拓扑结构。Allaire 等[72] 采用水平集方法进行了结构拓扑优化设计，并使用响应泛函的灵敏度信息构造水平集发展所需要的速度场。Wang[73] 提出了结构的向量水平集表示方法，从而将一般拓扑优化问题描述为水平集函数的约束泛函极小化问题。Amstutz 等[74] 将拓扑微分算子引入水平集方法中以解决水平集拓扑优化依赖于初始拓扑结构的问题。

此外，在结构拓扑优化方面，Eschenauer[75] 提出了泡泡法（bubble method），隋允康等[76] 提出了一种独立连续映射模型方法（independent continuous mapping）等。

1.1.3 弹性及柔性机构动力学建模方法

目前，弹性及柔性机构的动力学建模方法已经发展得比较成熟。虽然柔顺机构与它们属于不同类型的机构，但是两者在研究构件弹性变形问题上具有相似之处。弹性变形数值分析方法和软件能够解决构件大变形引起的非线性问题，并在柔顺机构的动力学模型、求解和优化设计过程中发挥重要的作用。柔性机构动力学建模方法较多，总的来说可以概括为两大类：KED（kineto - elastodynamics）建模和 FMD（flexible multibody dynamics）建模。

1.1.3.1 KED 建模

机械产品向高速、轻型、精密、重载化方向的发展促使在机构动力学研究中必须要考虑构件的弹性变形。从 20 世纪 70 年代初开始，力学和机构学研究者对考虑构件弹性变形的机构动力学模型、分析、计算进行了大量的研究工作，逐步形成了机械动力学的一个重要分支——机构弹性动力学，简称 KED。KED 研究的一个主要目的是在给定机构名义运动（即机构刚体运动）规律的前提下，确定机构的弹性运动响应。因此在 KED 分析中均采用了机构弹性运动不影响机构名义运动这一基本假设条件[77,78]。在具体动力学建模时，将机构弹性运动变形作为待求的未知量，机构刚体运动变量作为变化规律的已知量来处理[79]。早期的KED建模通常是将运动过程中处于不同位置的机构瞬态作为相应的一系列结构，并应用结构动力学的方法进行研究。瞬态法以Erdman[80]、Imam[81, 82]、Bahgat[83]、Midha[84]等人的研究工作为代表。Nath[85]以瞬态法建立了柔性连杆机构的线性弹性运动微分方程数学模型，构造求解机构稳态弹性运动算法。为更加准确地研究柔性机构弹性动力学特性，Turcic和Midha[86,87]在瞬态法基础上提出了一种精确建模方法，该方法不需要瞬态结构的假设条件，在建模时将单元坐标系到总体坐标系的坐标变换矩阵看做为时变矩阵，并计入哥氏加速度和牵连加速度中的刚体运动与弹性变形运动的耦合项。随后，Cleghorn[88]、Lieh[89]、Fallahi[90]、Bricout[91]、商大中[92]、Lin[93]等人在此方面进行了研究工作。

1.1.3.2　FMD建模

多柔体系统动力学（简称FMD）研究由可变形物体和刚体所组成的系统在大范围空间的动力学行为，是多刚体系统动力学的延伸和发展。FMD理论的出现首先是以航天器工程作为研究背景的，并在柔性机器人和高速柔性机构中得到广泛应用。以航天器系统为分析对象的FMD研究于20世纪70年代初开始形成。Links[94,95]分析了带有弹性附件的卫星动力学问题，也即是多柔体系统。在分析中，Links采用由Meirovitch和Nelson[96]所提出的混合坐标来描述系统的位形，该方法被广泛应用于之后的FMD研究中。Kane and Levinson[97]采用Lagrange方法建立了大型柔性航天器多体动力学通用数学模型，其运动微分方程推导采用了计算机符号的演算方法。Naganathan[98]以柔性连杆所组成的机器人系统作为研究对象，采用有限元方法描述连杆变形，通过Newton - Euler方程和Timoskenko梁理论建立柔性机器人大范围运动与连杆变形运动相耦合的非线性动力学方程，并通过两个算例讨论了柔性连杆对末端执行器的轨迹误差影响。Yue[99]在Naganathan的工作基础上，进一步考虑关节的柔性，给出具有柔性连杆和柔性关节的机器人动力学方程。王照林和王大力[100]采用拉格朗日-假设模态法建立了由多个弹性连杆经旋转关节连成的开链式机器人的FMD方程，并依据所建立的方程对系统的位置控制设计给出了扩展线性化控制、自适应控制以及模糊控制的方法。

1.2 并联机构发展概况

并联机器人一般遵循的是国际机械理论与机构学联合会（IF-ToMM）给出的定义：并联机器人（Parallel manipulator）由动平台、定平台以及连接它们的两个或者两个以上的独立运动支链组成，末端定平台具有两个或两个以上自由度的可控执行器。

并联机器人与传统工业机器人（即串联机器人）之间在哲学上呈对立统一的关系。并联机器人的闭链结构使其运动学和动力学研究(尤其是奇异性分析）与串联机器人有着本质的区别，但是在分析方法上又可借鉴串联机器人的一些成熟的分析方法，例如 D-H 方法、坐标变换等方法。和串联机器人相比较，并联机器人具有以下特点：

（1）由于并联机构由各支链连接动平台和定平台，支链之间互相形成封闭的闭链结构，并联机构最终的运动误差无串联机构中的误差累积，因此，在相同的运动条件下，并联机器人有较高的运动精度。

（2）在并联机构的设计原则中，一般用于驱动并联机器人的驱动器应尽量安装在定平台上或接近定平台的位置，用于驱动各支链的运动。这种设计方法在机构动力学上可以避免由于驱动器本身重量所引起的加在运动支链上的惯性矩，从而可以使并联机构获得较高的响应速度，提高并联机构的动态响应性能。

（3）由于动平台和定平台之间形成的封闭回路，使得并联机构的刚度有很大的提高，从而提高了并联机构的承载能力

（4）并联机构具有相对简单的运动学位置反解，容易实现在线实时计算。

（5）支链结构、布置方式完全对称的并联机构一般来说具有较好的各向同性并具有对称的工作空间和良好的运动轨迹规划特性。

1.2.1 并联机器人机构学研究进展

1965 年，英国的 Stewart 提出了一种新型 6 自由度并联机构——Stewart 平台机构[101]。1978 年，澳大利亚著名机构学教授 Hunt 提出

将 Stewart 平台机构应用到工业机器人上[102]，形成一种 6 自由度的新型并联机器人。1979 年，Maccallion 和 Pham 将 Stewart 机构成功地用于装配的机器人[103]，标志着并联机器人的诞生，从此拉开了并联机器人研究的序幕。1983 年，Hunt 又根据运动几何学的理论，提出了共 23 种具有 2 ~6 自由度的并联机构的基本形式，并且还可以采用运动副转换的原理在这 23 种机构的基础上演化出许多种具体的结构形式，这为按照不同的需要选择不同结构形式提供了依据。到 20 世纪 80 年代中期，国际上研究并联机器人的人还寥寥无几，出的成果也不多。1986 年，Fichter 发表了有关并联机器人理论和实际结构的研究成果后[104]，才引起机构学和机器人学研究者的普遍兴趣。

随着对并联机器人机构研究的不断深入，人们又提出了各种 6 自由度并联机器人机构。1984 年，黄真提出了 6 – RSS 6 自由度并联机器人机构并对它进行了运动学和动力学分析[105]，并对转动副轴线共面的 6 – RSS 平台机构、转动副轴线垂直下平台的 6 – RSS 平台机构以及 6 – PSS 平台机构等都做了详细的介绍；1988 年，Behi 提出了一种 3 – PRPS 6 自由度并联机构模型，并进行了运动学分析[106]；1992 年，Mouly 和 Merlet 提出了一种 6 – PSS 6 自由度并联机构并讨论了它的特殊位形[107]；1994 年，Alizade 和 Duffy 等人提出了三分支带环形轨道的 6 自由度并联机构模型[108]，同时分析了它的运动学和工作空间；1997 年，Byun 提出 3 – PPSP 空间并联机构[109]，对其进行了运动学分析并给出了应用实例；Tsai 等提出并讨论了缩放式空间 6 自由度并联机构[110]，文献［111 ~117］等也都对 6 自由度并联机器人机构进行了相应的分析。所有的这些研究成果促进了 6 自由度并联机器人机构在工程实际中的应用。

根据 6 自由度并联机器人机构的研究成果以及应用情况，发现其存在着一些难以克服的缺憾，主要表现在以下几个方面：

（1）运动学和动力学求解非常困难。

（2）运动平台的转动和移动之间呈强非线性和强耦合，致使控制模型复杂化。

（3）由于运动平台和基座间连接杆件多，使运动平台工作空间小。

（4）由于连杆两端多为球面关节，且高精度的球面关节制造困难，从而使得机构的误差标定困难。

由于6自由度并联机器人机构受限于狭小的工作空间、复杂的机械设计以及运动学、动力学求解困难等原因，再加上工业应用中很多时候并不需要机构自由度为6的情况，所以对自由度少于6的并联机器人机构的研究越来越广泛。

少自由度并联机器人机构是指动平台自由度少于6（为2~5）的并联机器人机构。在现有的少自由度并联机构中，研究最多的主要是3自由度并联机器人机构。Cox[118]在1981年提出了3自由度球面并联机器人；Thomas[119]在1985年提出了3自由度平面并联机构；加拿大的Gosselin等[120~122]对各种形式的平面和球面并联机器人进行了深入的研究，提出了球面3自由度并联机器人的结构优化设计、位置及运动学分析问题，并用球面机构设计了摄影定向装置。加拿大Laval大学还用球面3自由度并联机构研制出了灵巧眼。3自由度的球面并联机构还可以作为机器人的腕关节，它能实现高精度的定位，还可以作为卫星天线的自动跟踪系统、太阳能电池的定位、机床工作台和工件的定位、人工假肢关节、微电子加工以及其他需要确定空间三维方位的应用场合。Tsai[123~125]提出了动平台为平移的3自由度并联机构的几种类型，与Stewart平台相比，其主要特点是姿态和位置解耦，控制模型简单，工作范围大，不含球面关节，制造成本低。由于这些3自由度并联机器人机构的优良性能，引起了国内外许多学者的关注，Gregorio、Carricato、Lee、Tsai等人[126~133]对3自由度平动并联机构或提出了新的构型，或对已经提出的新构型进行了分析，并将其用于虚拟轴机床上。

具有3自由度的纯转动并联机器人机构也同时吸引了研究人员的兴趣，先后有Asada等人[134~137]提出了具有3自由度的纯转动的各种机构并应用于机器人的手腕机构及其他场合。而对于能够实现2个转动1个移动的3自由度并联机器人机构，最早是由Hunt[138]在1983年提出的，为3-RPS 3自由度并联机构，由于它能实现2个转动和1个移动而在后来得到了广泛的应用。Lee[139]将其应用到微动机器人上；1991年Pfreundschuh[140]将其设计成气动手腕；1997年Pernette[141]研究了该机构的微动机器人设计问题；1996年黄真、方跃法等[142~145]应用螺旋理论研究了3-RPS并联机构的运动学特征、3-PRS并联机构的运动学、瞬时独立运动以及动力学模型，以后又陆续提出了多种3自由度立方角平台机构[146~148]，如3-CS、3-PRS角台机构，3-RRS机构，3-TPT机构，3-PSP机构，3-RRRH机构，3-RRRP机构以及3-RRC机构等；2002年方跃法和Tsai[149,150]利用螺旋理论对纯移动和纯旋转的3自由度并联机器人机构的结构综合进行了系统的研究，提出了多种机构实例。刘辛军、汪劲松[151]在对平面和球面并联机器人机构深入研究的基础上，提出了具有两个移动和一个转动的3-RRR平面并联机构，并对其进行了运动学分析，得到了正反解的封闭解，同时还系统地分析了其工作空间。

与3自由度并联机构相比，4自由度和5自由度的并联机器人机构类型仍非常少。2001年，Zlatanov和Gosselin[152]提出了一个具有3个转动和1个移动的对称结构的4自由度并联机器人机构，这种机构采用4个完全相同的支链组成一个4自由度并联机器人，每一个支链的5个转动副中，3个转动副的轴线在运动过程中始终相交于同一点，支链中的其余2个转动副的轴线则始终彼此平行；Company和Pierrot[153]在1999年提出了一种新型的具有3个平动和1个转动的4自由度对称并联机器人，以此为基础，通过对支链的运动副进行各种组合和更替而衍生出一系列名为H4的并联机器人[154,156]。这种并联机器人的4个支链均是由两根相同的PUU支链组合而成的一个平行四边形机构，然后4个这样的平行四边形机构通过一个共同的转轴与动平台相连接，从而实现动平台的3个平动和1个转动自由度；方跃法和Tsai[156]在2002年运用螺旋理论和线几何理论对纯力或者纯力偶约束的支链进行了研究，在此基础上提出多种具有对称结构的4自由度、5自由度的并联机器人机构。

Wang和Gosselin[157,158]在1997~1998年提出了非对称的4自由度、5自由度并联机器人机构并进行了运动学和奇异位形的研究；Hesselbach等[159]在1998年设计了由两条非对称支链组成的一个4自由度并联机器人，并以此来完成凸面玻璃面板的切割；Rolland[160]在1999年运用了类似于Delta机器人所采用的设计方法。即平行四边形的方法，设计了两个机器人Kanuk和Manta，它们都拥有1个转动和

3 个平动自由度；Lenarcic 等[161]在 2000 年设计了一个由 1 个 PS 支链和 3 个 SPS 支链组成的 4 自由度并联机构，以此对人类肩膀动作进行仿真；Tanev[162]设计了具有 3 条支链的 4 自由度非对称并联机器人机构，并对其进行了位置分析。杨廷力和金琼等[163, 164]采用单开链方法提出了 4 自由度、5 自由度并联机器人的多种机构类型，并对其进行了分析和应用研究；Huang 和 Li[165~167]采用螺旋理论也提出了一种少自由度并联机器人机构的综合方法，所提出的机构需要某些支链具有两个驱动器，这会因为驱动器的重量而增加机构的运动惯性。中科院沈阳自动化研究赵明扬等在 1999 年提出一种 4 自由度并联机构[168]，并进行了位置分析，2002 年又提出一种混合型 4 自由度并联平台机构[169]，该机构的动平台能够实现两个方向的移动以及绕两个方向轴的转动，并基于此种机构成功研制出一台五坐标并联机床[170]；徐礼钜[171]在 2001 年设计出了一种新型 5 自由度虚拟轴机床，并申请了专利；范守文、徐礼钜[172]等人在 2002 年提出了一种基于 4 自由度空间并联机构的混联型虚拟轴机床的新结构，该新型虚拟轴机床具有工作空间大、可实现姿态角大、位置与姿态解耦等优点。

1.2.2 并联机器人机构构型综合方法

并联机器人机构构型综合的主要任务就是根据给定机构动平台的运动自由度要求，确定连接基础平台和动平台的支链数目和类型，设计所有支链结构，使其按照所设计的支链结构进行配置后得到的并联机构能够保证动平台实现给定的运动特性。

对于少自由度并联机器人机构构型综合的方法，通过对文献进行研究整理可知，现有的少自由度并联机构的构型主要有以下几种：

（1）通过给 6 自由度的并联 Stewart 平台添加约束支链以限制一些不需要的自由度，从而获得少自由度并联机构的新构型。

（2）依赖设计者的经验、知识、智慧以及联想或推理思维方法提出新的机构。

（3）基于李群的综合方法[173~175]。刚体位移集的李群代数结构是机械系统设计的基础，根据连续群的李理论，如果一螺旋系统具有李代数结构，便可以给出这些可能螺旋的指数函数，由此得到一个操作集，它代表所有可能的有限位移，最后的集合具有李群结构，属于六维位移群的子群。而机构是刚体集合，通过运动副连接而成，将运动副生成李代数结构，每根杆生成一个可行位移的子集，此子集属于Schoenflies 运动的李子群。机构分析与综合的基本问题是找到所有运动副和杆件之间在数学表达式上的联系，交集是使空间移动的李子群，由此可以生成新型的机构。

(4) 基于单开链单元的少自由度并联机器人机构构型综合的一般方法。以单开链 SOC 为单元，找出并联机构运动输出矩阵与 SOC 单开链输出矩阵的关系，确定各 SOC 支链在基础平台和动平台之间的配置方式和配置类型，以此来进行机构的构型综合。

(5) 基于螺旋理论的少自由度并联机构的综合方法。该构型综合方法是利用螺旋理论中螺旋与反螺旋的互易积关系，建立并联机构中串联支链的运动螺旋系与动平台的约束螺旋系的联系，并据此进行构型综合的一种方法。

在众多数学方法中，螺旋理论用来分析空间机构的运动与约束，是一个非常有效的工具。螺旋理论形成于19 世纪，英国剑桥大学的 Ball 第一个对螺旋理论进行了全面系统的研究，于1900 年完成了其经典著作《螺旋理论》。20 世纪 60 年代，Dementberg 在分析空间机构时应用了该理论，澳大利亚的 Hunt 和 Philips 在该领域也获得重要进展，1978 年 Hunt 的《机构的运动几何学》标志着螺旋理论的现代发展，1990 年，Philips[176] 再次用螺旋理论研究了机构的自由度及机构的运动特性，对螺旋理论的发展起到了进一步推进作用。1997 年，黄真和方跃法等在《并联机器人机构学理论及控制》一书中，系统地介绍了螺旋理论及其在并联机器人机构学中的应用，促进了螺旋理论在我国的应用。

1.3 柔顺并联机构研究进展

采用柔性铰链的微位移机构，具有高位移分辨率（可达 1nm），定位精度可达 ±0.05μm，并且工作稳定、无机械摩擦、无间隙等优点。如何将柔性铰链与并联机构有机结合，逐渐成为微机构学领域的研究热点。美国国家标准局的 Scire 等[177]采用柔性铰链作为支撑、压电陶瓷作为微位移驱动而研制成功一单自由度微定位平台，该微动机构可实现分辨率为 1nm 的微定位。北京工业大学的刘德忠等[178]研制成功了单自由度压电陶瓷驱动的全柔性位移放大器，可实现分辨率为 1nm 的微定位。美国学者 Fu[179]在上述单自由度机构的基础上，研制了平面一体化的 1nm 2 自由度微定位平台，最大行程可达 1nm、分辨率为 1nm，并已应用于扫描隧道显微镜。北京航空航天大学的宗光华、于靖军[180]、Ku[181]，清华大学的吴鹰飞等[182]分别对平面全柔性并联 3 自由度微操作机构进行了研究。

随着全柔性机器人机构的研究深入，基于平面全柔性机构的微动机器人系统已经不能满足工程中对此类机构复杂功能的进一步要求，空间多自由度全柔性并联机器人机构成为新的研究热点。1989 年，Hara[183]研制出了全柔性 6 自由度微定位平台。1990 年，Taniguchi[184]采用 6 - PSS 类型并联机构构型，辅以柔性铰链成功研制出了另一种全柔性 6 自由度微定位平台。瑞士联邦技术研究所（EPFL）在 1994 年研制了采用 3 - RPS 空间并联机构的 3 自由度全柔性微定位平台，并应用于光纤对接领域[185]。Arai 等[186]采用 Stewart 平台作为主体机构，建立了全柔性空间机构。Lee 等[187]对空间 3 自由度并联微动机器人进行了研究。Fedderna 等[188]对基于 4 自由度空间并联机构的全柔性微装配机器人进行了研究工作。在国内，北京航空航天大学的宗光华等[189, 190]采用空间 3 - RPS 并联机构和平面 3 - RRR 并联机构，研制出了空间串并联全柔性微动机器人，并用于生物工程操作器。河北大学的高峰等[191]采用 6 - SPS 并联机构及变形 Stewart 平台结构形式，对应用于空间轨迹球的 6 自由度全柔性机构进行了研究。

1.3.1 柔性铰链

柔性铰链是通过先进切割方法在整体材料上加工出各种切口、利用材料弹性变形而形成具有与刚性铰链运动特性一致的特殊运动副。传统的柔性并联机构构型综合中常采用的柔性铰链如图 1 - 7 所示。

1965 年，Paros[192]提出了圆弧缺口型柔性铰链的结构形式，由

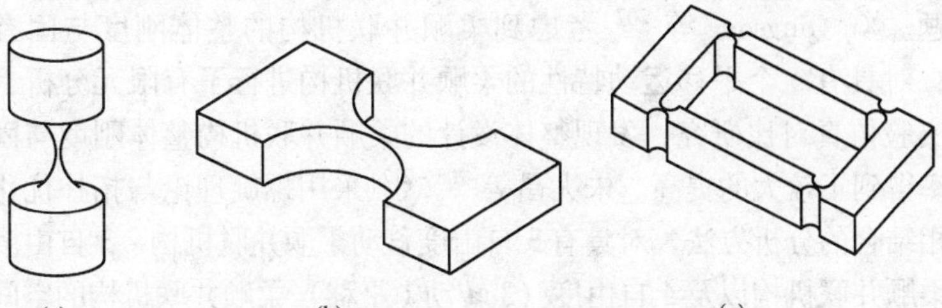

图1－7　柔性铰链类型
（a）球副型柔性铰链；（b）圆弧型柔性铰链；（c）板梁型柔性铰链

于其具有加工方便、成本低廉、易于实现微型化和易于获得较高的定位精度等特点，常被应用于微动机器人、原子力显微镜中的精密定位平台、光学自动聚焦系统和光纤对接装置等超精密仪器中[193~196]。Xu等[197]将这一工作拓展到椭圆型、直角型柔性关节结构中。Smith[198]提出椭圆缺口型柔性铰链的结构形式。Lobontiu[199~202]提出了处于直角缺口型和圆弧缺口型之间的具有倒角过渡特性的矩形缺口型柔性铰链以及圆锥曲线型（圆弧曲线、椭圆曲线、抛物线、双曲线等）柔性铰链。西安电子科技大学[203,204]在对缺口型柔性铰链特性进行了深入研究并提出了混合型柔性铰链的新概念。Pernette等[205]提出了柔性移动副、柔性虎克铰链以及柔性球铰链的构型形式。余志伟[206]基于材料的屈曲理论，介绍了一种设计大变形柔性铰链的方法，并给出了DC－型DC＋型两种新型柔性铰链。虽有上述的进展，但有关柔性铰链结构设计方法的研究至今还未取得实质性突破。

1.3.2　柔顺并联机构

现阶段空间多自由度全柔性并联机构原创性构型综合较少，主体构型仅停留在较早的并联机构构型，如Stewart平台、Delta机构等。构成全柔性并联机构的构型方法局限于柔性铰链“堆积木式”的综合方式，从而导致所综合的机构整体刚度下降、性能指标降低，难以发挥柔顺并联机构的精密微动优点。

如何将柔顺机构与并联机构有机相结合成为目前亟待解决的技术

难题。Xu Qingsong 等[207]考虑到柔顺并联机构的整体刚度与固有频率，对具有3个平移运动特性的柔顺并联机构进行了有限元分析，通过实验仿真对比研究，发现整体设计的柔顺并联机构整体刚度与固有频率得到了较大的提高。朱大昌等[208~212]采用螺旋理论与拓扑优化方法相结合的分析方法，对具有3自由度移动柔顺并联机构、3自由度转动柔顺并联机构以及4自由度（3转动1平移）柔顺并联机构的空间构型进行了综合。其中3平移空间柔顺并联机构、3转动空间柔顺并联机构获国家实用新型专利，如图1-8和图1-9所示；4自由度（3转动1平移）空间柔顺并联机构获国家发明专利，如图1-10所示。

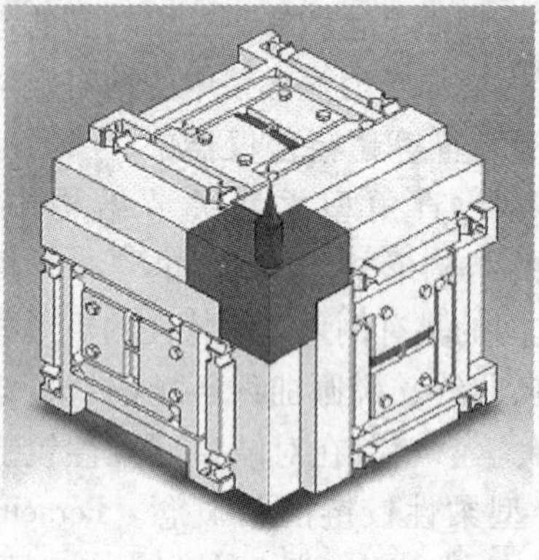

图1-8　3平移空间柔顺并联机构

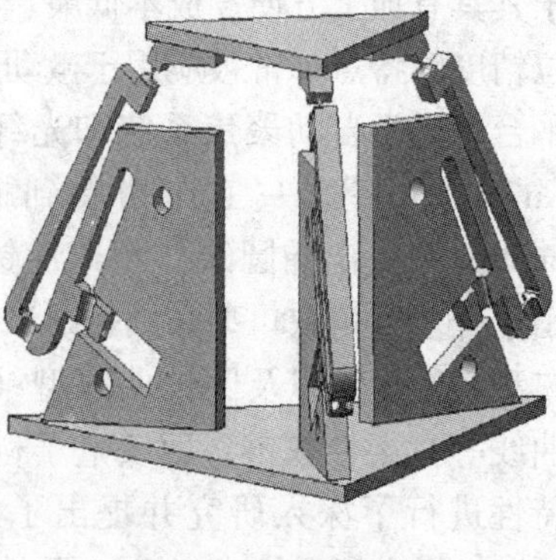

图1-9　3转动空间柔顺并联机构

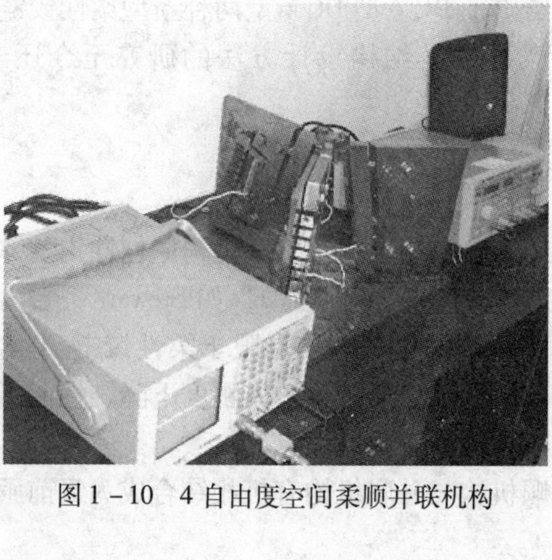

图1-10　4自由度空间柔顺并联机构

1.4 柔顺并联机构控制系统研究进展

柔顺并联机构是具有分布参数强耦合性、非线性、时变、多输入多输出等特点的复杂动力学系统，传统的控制策略及线性化方法难以满足空间微纳尺度超精密定位对精密控制系统的要求。另一方面，在微纳尺度定位过程中，外界随机性激励干扰（强非线性振动、外界温度变化等因素）的细微变化将会导致系统平衡点发生改变（分岔现象），甚至使得系统失去稳定性。Siciliano[213]基于奇异摄动理论，将柔性并联机构分为宏动和微动两部分，并分别设计出两种不同类型的控制系统。针对宏动定位过程，采取力和位置反馈控制方法，实现大范围快速粗定位，另一方面，采取稳定控制方法解决在微定位过程中柔性并联机构的位置偏移问题。Canfield[214]等针对一种 3 自由度空间柔顺并联机构，提出精密运动控制方法，该方法综合考虑了柔顺并联机构弹性性质与定位精度之间的联系，实现空间柔顺并联机构定位过程中力和运动控制。Sugar[215]等综合考虑柔顺性对空间定位精度的影响因素，通过提取柔性机械手臂的特征参数，建立柔性手臂的刚度方程并将其应用于空间定位力控制系统中，从而提高了柔性机械手臂在空间定位过程中的定位精度。Yun[216]等采用刚度方程与 Kane 方程相结合，提出了主动振动控制方法，解决了低频率振动对柔顺并联机构空间定位影响的问题。

由于柔顺并联机构柔性构件的复杂性、工作环境的特殊性及控制系统硬件的局限性，全柔顺并联机构的精密控制系统的设计是目前亟待解决的问题，系统深入地开展这方面的研究，具有重要的理论意义和实际应用价值。

1.5 本书的主要内容

本书的主要内容如下：

（1）全柔顺并联支撑机构空间构型综合。

1）采用螺旋理论，对常规并联机构构型综合中几何约束特性进行分析，确定构成相应全柔顺并联机构的几何约束条件。

2）采用空间拓扑优化设计方法，对全柔顺并联机构空间构型进行综合，得出一系列具有不同自由度的新型全柔顺并联机构构型。

（2）全柔顺并联机构整体刚度分析。

1）对全柔顺并联机构进行运动学、动力学分析。

2）采用 D－H 方法建立全柔顺并联机构整体刚度矩阵模型，提出全柔顺并联机构 SolidWorks 与 ANSYS 建模新方法。

3）基于 ANSYS 仿真平台，对全柔顺并联机构静力学、刚度模态矩阵、承载力及振动等相关动力学性质进行分析与研究。

4）对全柔顺并联机构的精密定位性能进行分析。

（3）基于全柔顺并联支撑机构的空间微纳尺度超精密定位平台控制系统设计。以 3－RPC 型全柔顺并联机构为例，开展传统 PID、模糊、模糊 PID 轨迹跟踪控制系统的设计与研究。

2 全柔顺并联机构空间构型综合理论基础

现阶段空间多自由度全柔顺并联机构原创性构型综合较少，主体构型仍停留基于并联机构构型上所衍生得到的柔性并联机构，如 Stewart 平台、Delta 机构等。全柔性并联机构构型综合仅局限于柔性铰链的“堆积木式”的构成形式，导致全柔性并联机构整体刚度下降，性能指标降低，难以取得良好的运行效果。

新型全柔顺并联机构空间构型综合过程可分为几个步骤：首先，对全柔顺并联机构空间的几何约束进行分析与综合，确定输入与输出的几何关系；其次，运用空间三维结构拓扑优化设计方法，对组成全柔顺并联机构的全柔顺并联支链进行空间拓扑优化，得出全柔顺并联机构的空间构型。

本章以螺旋理论为基础，分析多自由度并联机构空间几何约束关系，得到组成全柔顺并联机构的空间约束形式，并结合空间拓扑优化理论，对新型全柔顺并联机构空间构型综合的原理、方法进行阐述。

2.1 基于螺旋理论的空间几何约束

2.1.1 螺旋理论

螺旋理论形成于 19 世纪，1900 年 Ball 完成经典著作《旋量理论》，直到 1948 年 Dimenberg 在分析空间机构时，才再次运用了这个理论，此后，螺旋理论才逐步为机构学所重视并得到迅速发展。

数学中，一个旋量可以同时表示空间的一组对偶矢量。在机构学分析中，这一组对偶矢量可以表示为方向和位置，也可以表示为速度和角速度。如果从刚体力学的角度来定义旋量，则旋量又可以用来表示力和力矩这一对矢量，因此这包含有 6 个标量（两个矢量）的旋量，对于研究空间机构的运动和动力学分析是至关重要的。

用一个单位螺旋表示一条直线在空间中的方向和位置，这个单位螺旋 $\hat{\$}$ 包含了该直线的方位，形式如下：

$$\hat{\$} = \begin{bmatrix} \boldsymbol{s} \\ \boldsymbol{s}_0 + \lambda \boldsymbol{s} \end{bmatrix} \tag{2-1}$$

式中，$\boldsymbol{s}$ 是单位矢量，其方向为螺旋轴线方向，与所表示的直线方向一致；$\boldsymbol{s}_0$ 为直线到原点的线距，$\boldsymbol{s}_0 = \boldsymbol{r} \times \boldsymbol{s}$；$\boldsymbol{r}$ 表示从坐标原点到直线上任意一点的矢径；λ 为螺旋的节距。

当 $\lambda = 0$ 时，式（2－1）简化为以下形式：

$$\hat{\$} = \begin{bmatrix} \boldsymbol{s} \\ \boldsymbol{s}_0 \end{bmatrix} = \begin{bmatrix} \boldsymbol{s} \\ \boldsymbol{r} \times \boldsymbol{s} \end{bmatrix} \tag{2-2}$$

式（2－2）如表示为一个运动形式，则为一个转动副，该转动副的轴线为 $\boldsymbol{s}$，与坐标原点的矢径为 $\boldsymbol{r}$，$\boldsymbol{r} = \boldsymbol{0}$ 则表示该转动副的轴线通过坐标原点。式（2－2）如表示为力形式，则表示为一个纯力约束形式，该力的作用线方向为 $\boldsymbol{s}$，与坐标原点的矢径为 $\boldsymbol{r}$，$\boldsymbol{r} = \boldsymbol{0}$ 则表示该纯力约束通过坐标原点。

当 $\lambda = \infty$ 时，式（2－1）简化为以下形式：

$$\hat{\$} = \begin{bmatrix} 0 \\ \boldsymbol{s} \end{bmatrix} \tag{2-3}$$

式（2－3）如表示为一个运动形式，则为一个移动副，该移动副的移动方向为 $\boldsymbol{s}$。式（2－3）如表示为力形式，则表示为一个纯力偶约束形式，该力偶的作用线方向为 $\boldsymbol{s}$。

由于组成支链的运动副的基本形式为转动副和移动副，其他复杂的运动副可以通过这两种运动的组合所构成，例如球面副可以通过三个共点不共面、相互正交的转动副所构成，圆柱副可以通过两个共轴线的移动副与转动副所构成等。因此在研究支链对动平台的约束问题时，可假设支链的构成只有转动副和移动副，并不失其一般性。

运动的反螺旋是约束力的概念，表示了物体在三维空间所收到的约束。两个螺旋分别表示为 $\hat{\$}$ 和 $\hat{\$}_r$，若这两个螺旋满足以下关系：

$$\hat{\$} \circ \hat{\$}_r = \boldsymbol{0} \tag{2-4}$$

则 $\hat{\$}$ 和 $\hat{\$}_r$ 互为反螺旋。式（2－4）中，“o”表示互易积，该式等同于以下形式：

$$\hat{\$} = (\$_1,\ \$_2,\ \$_3,\ \$_4,\ \$_5,\ \$_6)$$

$$\hat{\$}_r=(\$_{r1},\ \$_{r2},\ \$_{r3},\ \$_{r4},\ \$_{r5},\ \$_{r6})$$

$$\hat{\$}\circ\hat{\$}_r=\$_4\$_{r1}+\$_5\$_{r2}+\$_6\$_{r3}+\$_1\$_{r4}+\$_2\$_{r5}+\$_3\$_{r6}=\mathbf{0} \tag{2-5}$$

两个互为反螺旋的螺旋几何关系如图 2-1 所示。

设两螺旋的节距分别为 h_1 和 h_2，公法线长度为 a_{12}，方向矢量之间的夹角为 α_{12}，则两螺旋的互易积可表示为如下形式：

$$(h_1+h_2)\cos\alpha_{12}-a_{12}\sin\alpha_{12}=0 \tag{2-6}$$

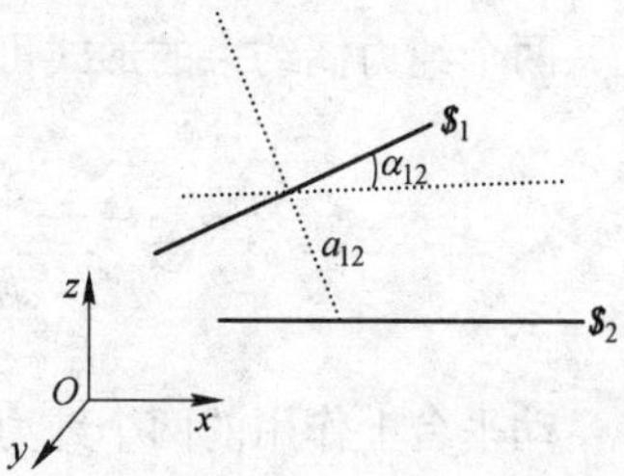

图 2-1 两个互为反螺旋的螺旋几何关系

式（2-6）可用于并联机构动平台的约束分析。

假设一个支链由 $n(n\leqslant 6)$ 个线性无关的运动副所组成，则该支链为 n 阶螺旋系统，该支链对动平台产生的约束，即 n 阶螺旋系统的反螺旋系统为 $6-n$ 阶，也即是该支链作用在动平台上的约束数为 $6-n$ 个，表现为约束力形式，可以分为力、力偶以及两者的组合形式，简化为基本的两种形式（力和力偶）进行分析，并不失其一般性。

2.1.2 力偶约束分析

2.1.2.1 单个力偶约束分析

纯力偶的形式可以表示为式（2-3），当物体受到该力偶的作用时，表示物体没有作用线沿反螺旋轴线方向的角速度分量（$\boldsymbol{s}$, 0），否则在此方向上的功将不为 0。所以任何轴线平行于 $\boldsymbol{s}$ 方向的转动都将被约束。另外，任何与 $\boldsymbol{s}$ 斜交的轴线都将对反螺旋产生转动分量，这种情况也将被约束。由于力偶在方向不变的情况下平行移动它的作用线并不改变其对动平台的作用效果，因此当作用在动平台上的力偶系方向一致时，该力偶系简化为单一的力偶作用。按照以上分析可知，被约束的运动形式为：

$$\$=(\boldsymbol{s},\ \boldsymbol{r}\times\boldsymbol{s}) \tag{2-7}$$

式（2-7）说明，当动平台上合成的约束作用简化为一个纯力偶时，动平台具有5个自由度，包括3个沿任意方向的平移以及以 $\boldsymbol{s}$ 为法线、以平面内任意直线为轴线的两个转动自由度，转动的空间形式如图2-2所示。

2.1.2.2 两个力偶约束分析

两个纯力偶约束的形式可表示为：

$$\begin{aligned}\hat{\$}_{r1} &= (\boldsymbol{0},\ \boldsymbol{s}_1)\\ \hat{\$}_{r2} &= (\boldsymbol{0},\ \boldsymbol{s}_2)\end{aligned} \tag{2-8}$$

动平台上作用的两个纯力偶平移的结果必是相交的共面矢量，如果两个矢量共轴，则简化为第一种情况，若不共轴则两个纯力偶轴线相交确定一平面，那么允许的运动形式为：

$$\$ = (\boldsymbol{s}_1 \times \boldsymbol{s}_2,\ \boldsymbol{r} \times (\boldsymbol{s}_1 \times \boldsymbol{s}_2)) = (\boldsymbol{s}_1 \times \boldsymbol{s}_2,\ (\boldsymbol{r} \times \boldsymbol{s}_2)\boldsymbol{s}_1 - (\boldsymbol{r} \times \boldsymbol{s}_1)\boldsymbol{s}_2) \tag{2-9}$$

式（2-9）表明，当动平台上合成的约束简化为两个共点共面的纯力偶约束时，动平台上具有4个自由度，包括3个任意方向的平移以及2个方向矢量决定的平面一族与法线平行的线系，转动的空间形式如图2-3所示。

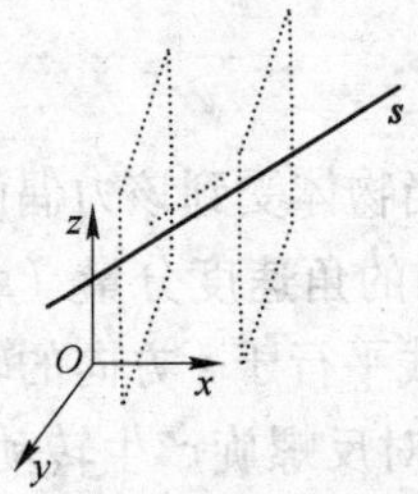

图2-2 单个力偶作用转动空间

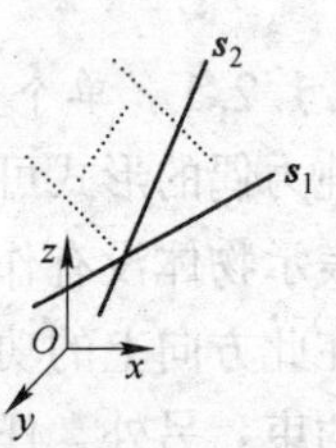

图2-3 两个相交共面力偶转动空间

2.1.2.3 三个力偶约束分析

三个纯力偶约束的形式可表示为：

$$\hat{\$}_{r1}=(\boldsymbol{0},\ \boldsymbol{s}_1)$$
$$\hat{\$}_{r2}=(\boldsymbol{0},\ \boldsymbol{s}_2) \qquad (2-10)$$
$$\hat{\$}_{r3}=(\boldsymbol{0},\ \boldsymbol{s}_3)$$

如3个纯力偶作用线共轴则简化为第一种情况；如3个纯力偶作用线共面则简化为第二种情况。当3个纯力偶约束作用线空间汇交时，其最大线性无关组为3，限制了动平台三维空间的任意转动。由反螺旋约束条件可知，此时动平台具有空间三个方向上的任意平移运动特性，其3个方向任意平移运动纯力偶约束在空间的表现形式如图2-4所示。

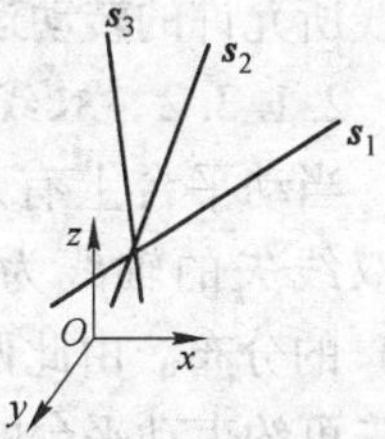

图2-4 无转动空间的纯力偶约束形式

2.1.3 力约束分析

2.1.3.1 单方向力矢量作用约束分析

当动平台存在纯力约束时，动平台的移动被约束的同时，其某些方向的转动也被约束，这就产生了不完全的自由度。单个纯力矢量约束与纯力偶约束的不同之处在于：纯力矢量约束的作用点不能做空间平移。单个纯力矢量约束形式可表达为：

$$\hat{\$}_r=(\boldsymbol{s}_r,\ \boldsymbol{r}\times\boldsymbol{s}_r) \qquad (2-11)$$

由于在与反螺旋线矢方向平行或相交的作用线上，允许的运动螺旋节距为0，因此当以这些作用线为转动轴线转动时，在纯力线矢方向上没有速度分量。当动平台上作用的纯力线矢共轴时，动平台具有5个自由度，包括3个方向的转动和2个方向的移动。移动方向为以$\boldsymbol{s}$为法线的平面内自由移动，转动轴线由式（2-12）和式（2-13）所确定。

根据式（2-6）可知，当两线矢平行或相交时，存在如下关系：

$$\$_1\circ\$_2=-a_{12}\sin\alpha_{12}=0 \qquad (2-12)$$

所以任何能作为转动轴线的线矢量必须满足以下关系：

$$\boldsymbol{s}_r(\boldsymbol{r}'\times\boldsymbol{s})+\boldsymbol{s}(\boldsymbol{r}\times\boldsymbol{s}_r)=0 \qquad (2-13)$$

移动空间与转动空间的形式如图2-5所示。图中，P代表一族

以 $\boldsymbol{s}$ 为法线的平面，平面内任意移动为允许运动；$\boldsymbol{R}_1$ 代表以与 $\boldsymbol{s}$ 方向矢量上任何一点相交的直线为轴线的允许转动运动；$\boldsymbol{R}_2$ 代表以与 $\boldsymbol{s}$ 方向矢量平行的直线矢量系为轴线所允许的转动运动。

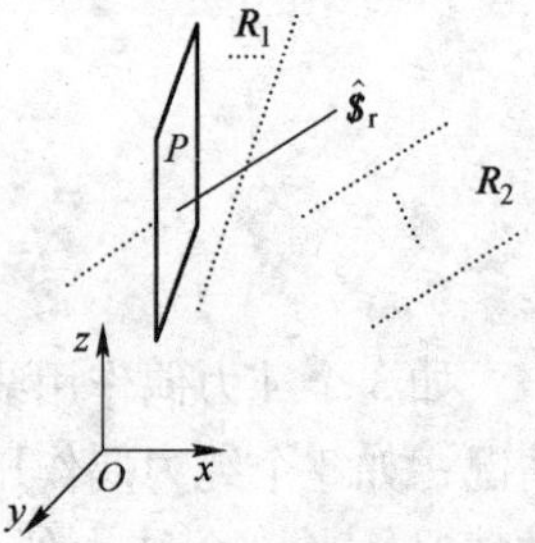

图 2－5　单个力线矢约束的移动空间与转动空间

2.1.3.2　双线矢力作用约束分析

当动平台上有双线矢力约束作用时，该双线矢的轴线为空间不共面（空间交错）的分布。由此两个空间交错的约束力线矢可约束动平台的两个移动方向，所允许的运动方向为同时与这两个力线矢垂直的方向，这两个纯力约束矢量形式可以表达为：

$$\begin{aligned}\hat{\$}_{r1}&=(\boldsymbol{s}_{r1},\ \boldsymbol{r}_1\times\boldsymbol{s}_{r1})=(L_1,\ M_1,\ N_1,\ P_1,\ Q_1,\ R_1)\\ \hat{\$}_{r2}&=(\boldsymbol{s}_{r2},\ \boldsymbol{r}_2\times\boldsymbol{s}_{r2})=(L_2,\ M_2,\ N_2,\ P_2,\ Q_2,\ R_2)\end{aligned}\qquad(2-14)$$

由于这两线矢为空间交错形式，因此允许的移动形式可确定为：

$$\$=(\boldsymbol{s},\ \boldsymbol{r}\times\boldsymbol{s})\qquad(2-15)$$

式中，$s=\left(\dfrac{M_1N_2-M_2N_1}{L_1M_2-L_2M_1},\ \dfrac{L_1N_2-L_2N_1}{L_2M_1-L_1M_2},\ 1\right)$。

允许的转动方向可确定如下：

（1）与两线矢同时相交的可作为转动轴线。

（2）与 $\hat{\$}_{r1}$ 相交同时与 $\hat{\$}_{r2}$ 平行的可作为转动轴线。

（3）与 $\hat{\$}_{r2}$ 相交同时与 $\hat{\$}_{r1}$ 平行的可作为转动轴线。

与两线矢同时相交的轴线所组成的区域如图 2－6 所示，所有以 $\hat{\$}_{r1}$ 和 $\hat{\$}_{r2}$ 线矢为顶点的线矢都可以作为转动轴线。

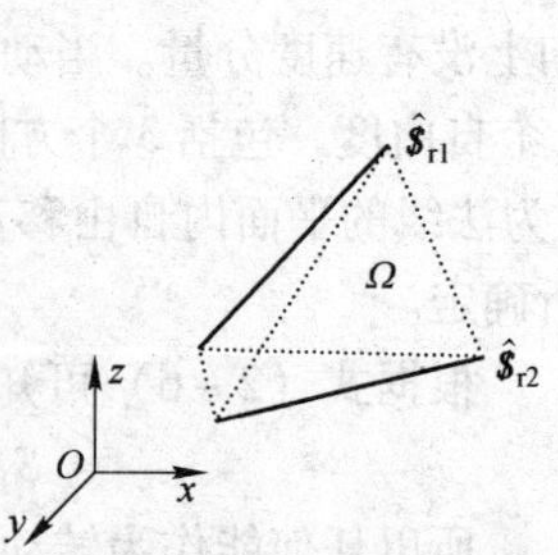

图 2－6　同时与两线矢相交的转动轴线的确定（Ω）

与 $\hat{\$}_{r2}$ 平行的平面可表示为两个线性无关的基平面，所有与 $\hat{\$}_{r2}$ 平行的平面都是由这两个基平面的组合表示。两个线性无关的基平面表示为：

$$\boldsymbol{r}_{p1}\boldsymbol{s}_{p1}=\boldsymbol{s}_{0p1}$$

$$\boldsymbol{r}_{p2}\boldsymbol{s}_{p2}=\boldsymbol{s}_{0p2} \tag{2-16}$$

式中

$$\boldsymbol{s}_{p1}=\left(-\frac{N_2}{L_2},\ 0,\ 1\right)$$

$$\boldsymbol{s}_{p2}=\left(-\frac{M_2}{L_2},\ 1,\ 0\right)$$

组合平面的形式可以表示为：

$$\boldsymbol{k}_1(\boldsymbol{r}_{p1}\boldsymbol{s}_{p1})+\boldsymbol{k}_2(\boldsymbol{r}_{p2}\boldsymbol{s}_{p2})=\boldsymbol{k}_1\boldsymbol{s}_{0p1}+\boldsymbol{k}_2\boldsymbol{s}_{0p2}$$

标准形式为：

$$\boldsymbol{r}_p\boldsymbol{s}_p=\boldsymbol{s}_{0p} \tag{2-17}$$

线矢 $\hat{\$}_{r1}$ 与平行平面的交点坐标形式可表示为：

$$\boldsymbol{r}(\boldsymbol{s}\boldsymbol{s}_p)=\boldsymbol{s}_p\times\boldsymbol{s}_{01}+\boldsymbol{s}_{0p}\boldsymbol{s} \tag{2-18}$$

因此，当直线线矢同时满足式（2－17）与式（2－18）时，可以作为转动轴线，如图2－7所示。

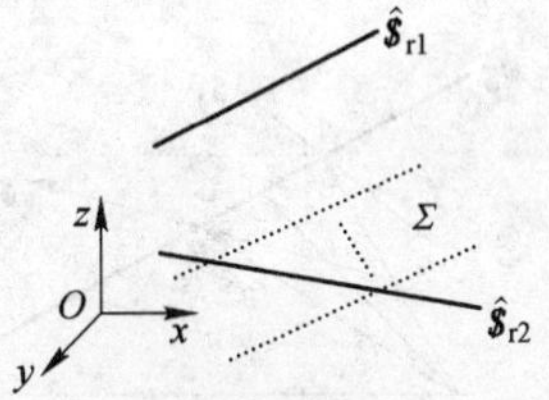

图2－7　与一线矢平行同时与另一线矢相交的转动轴线的确定（Σ）

2.1.3.3　三线矢力作用约束分析

三线矢力同时作用在动平台上，由于线矢力无保持其作用线平行移动而不改变其作用效果的特性，因此在进行其约束分析时可分为以下几种情况：

（1）三线矢力呈空间分布，相互线性无关。这种情况下，三线矢力限制了动平台在三维空间中的移动，并对转动有不完全约束作用。

（2）三线矢力空间共点。这种情况下，纯力线矢力对动平台的三维空间的移动进行约束，并对转动有不完全约束。

（3）三线矢力共面共点。此时，三线矢力的最大线性无关组减为2，对所在平面的任意移动进行约束，虽对转动有不完全约束，但是动平台的自由度数增加为4，产生了1个平移冗余自由度。

（4）三线矢力共面不共点。这种情况下动平台具有3个自由度，即1个平移2个转动。

（5）三线矢力空间平行，此时约束了两个方向的转动和一个方向的平移。

A 空间分布且线性无关

3 个线矢力限制了物体在三维空间的 3 个方向上的移动，同时对存在的转动也有一定的约束，物体所允许的转动自由度其转动轴线必须与 3 个线矢力的作用线同时相交。设 3 个线性无关的线矢力分别为 $\hat{\$}_1$，$\hat{\$}_2$，$\hat{\$}_3$，在 $\hat{\$}_1$ 上任意取一点 A，该点 A 与另外两个线矢力组成了两个相交平面，由点 A 的选取原则可知，两平面的交线过三条给定的线矢，如图 2－8 所示。

此交线方程为：

$$\boldsymbol{r}\times[(\boldsymbol{r}_A\times\boldsymbol{s}_1)(\boldsymbol{s}_{02}-\boldsymbol{r}_A\times\boldsymbol{s}_2)]=(\boldsymbol{r}_A\times\boldsymbol{s}_{02})(\boldsymbol{r}_A\times\boldsymbol{s}_1) \quad (2-19)$$

与该三条直线相交的所有直线在空间上构成一个曲面——单叶双曲面，如图 2－9 所示。

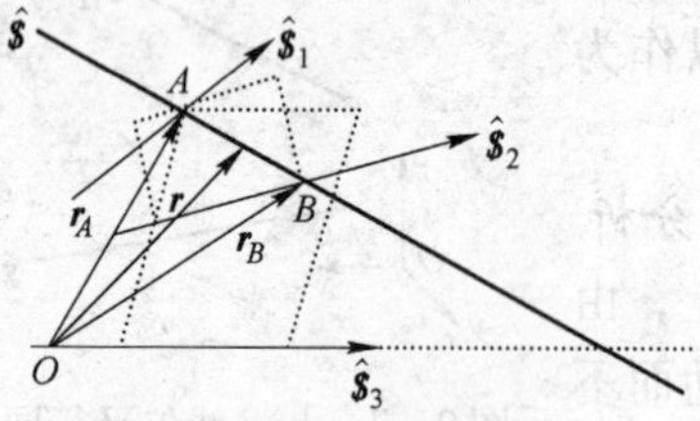

图 2－8 与三条线矢力同时相交的螺旋

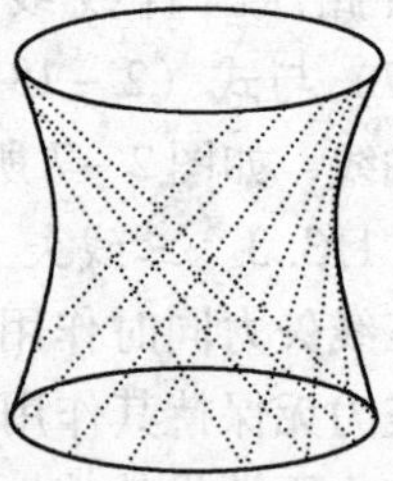

图 2－9 相交线矢构成的两族二次线列（单叶双曲面）

图 2－9 所示曲面上覆盖的直线族为二次线列，此二次线列中的每一条直线都可称为二次线列的发生线，在同一单叶双曲面上存在两个二次线列，由两族直线构成，这两族直线构成同一表面并完全覆盖此表面，一族直线的每一条直线必与另一族的每一条直线相交，而不与本族的任何直线相交。

B 三线矢力共面共点

共面共点的三个线矢力，其最大的线性无关组为 2，即其中任意一个线矢力可由另外两个线矢力线性表示，约束了空间中的三维任意移动，同时要求任何转动在三个线矢力方向上无移动分量。根据以上分析可知，平面内的任意直线可作为转动轴线，并且空间中任何通过三线矢力交点的直线可作为转动轴线，转动区域标识为 Ω，移动区域标识为 Γ，则三线矢力共面共点的转动空间与移动空间如图 2－10 所示。

三线矢力共面不共点的情况与共面共点相类似，移动空间不变，转动空间为 Ω_1。

C　三线矢力空间平行

空间平行的三线矢力约束了沿线矢力方向的移动自由度。此三线矢力所允许的转动轴线为与三线矢力平行的方向，任何与该线矢力平行的直线都可作为转动轴线，其转动空间与移动空间如图 2－11 所示。

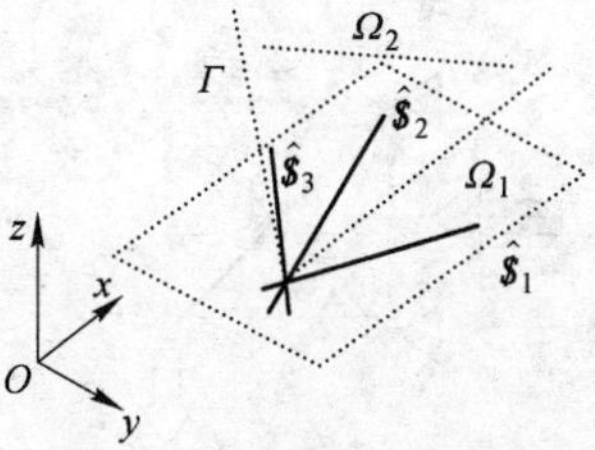

图 2－10　三线矢力共面共点的转动空间与移动空间

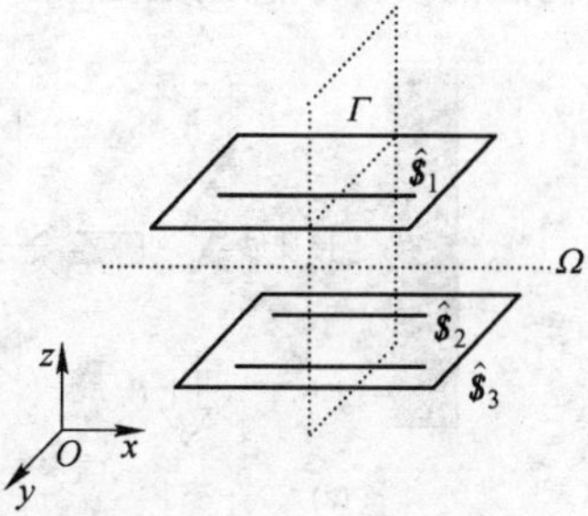

图 2－11　三线矢力平行的转动空间与移动空间

2.2　基础结构法的多目标拓扑优化理论

2.2.1　基础结构法

拓扑优化中拓扑描述方式和材料插值模型是后续拓扑优化方法的基础，其中均匀化方法、变密度方法和基础结构方法是其中最具代表性的结构拓扑优化方法。均匀化方法是一种经典的拓扑优化方法，在数学和力学理论上最为严密，但其均匀化弹性张量的求解过程非常复杂，并且微单元的最佳形状和方向难以确定，从而较少用于结构拓扑优化问题的求解，该方法适用于拓扑优化的理论分析，如材料的微观设计、压电材料结构设计等。相对于均匀化方法，变密度方法的设计变量大大减少，所假定的相对密度和材料弹性矩阵之间的对应关系使得变密度拓扑优化程序实现简单，计算效率得以提高，然而优化过程中容易出现棋盘格、中间单元和网络依赖等数值不稳定现象。基础结构法拓扑优化方法则避免出现以上现象，且设计出的结构易于制造加工，在全柔顺并联机构拓扑优化设计中得到广泛应用。

基础结构法的基本思想是：把给定的初始设计区域离散成足够多的设计单元，根据预先给定的支撑条件、载荷情况及其他要求，构造框架单元的完备集合，以这些单元的截面面积或描述截面形状的某些参数为设计变量，在优化设计过程中，通过采用优化算法确定去除单元完备集中的不必要单元，最终得到最优的拓扑优化结构类型。基础结构法的设计示意图如图 2－12 所示。

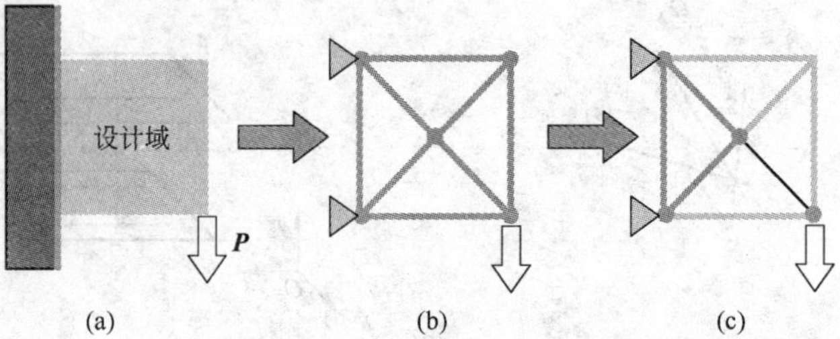

图 2－12　基础结构法设计示意图
（a）设计问题；（b）基础结构；（c）优化拓扑图

基础结构法采用框架单元表示设计域，框架单元中包含弯曲模式，能更好地描述全柔顺并联机构的微运动变形。全柔顺并联机构拓扑优化模型主要包括两类，即互能模型和几何增益模型。

2.2.1.1　互能模型

全柔顺并联机构运动功能是通过全柔顺并联支链产生一定的变形来实现的，另一方面，全柔顺并联机构必须具有一定的刚度，以便把输入端的作用力传递给输出端。全柔顺并联机构的互能模型如图 2－13 所示。

全柔顺并联机构设计域为 Ω，Γ_{D} 为边界条件，在机构输入点处作用载荷 F_1，机构的位移向量为 U_1。全柔顺并联机构的柔度可采用

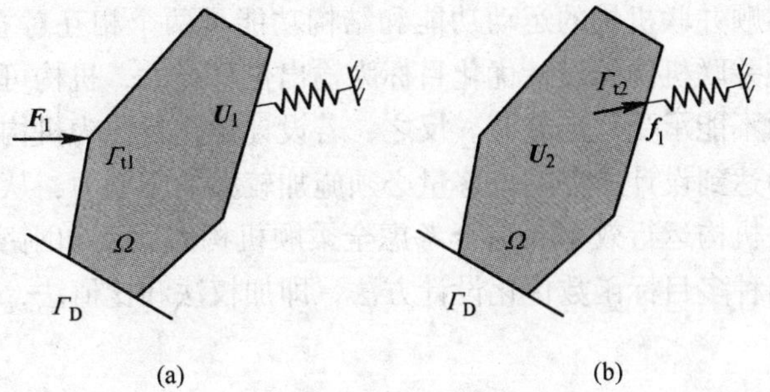

图 2-13 全柔顺并联机构互能模型示意图

(a) 实际载荷作用于机构；(b) 虚拟载荷作用于机构

输入端和输出端之间互应变能来表征：

$$\mathrm{MSE} = \boldsymbol{U}_2 \boldsymbol{K} \boldsymbol{U}_1 \tag{2-20}$$

式中，$\boldsymbol{U}_1$ 为 $\boldsymbol{F}_1$ 作用于全柔顺并联机构时得到的结点位移向量；$\boldsymbol{U}_2$ 为 $\boldsymbol{f}_1$ 作用于全柔顺并联机构时得到的结点位移向量；$\boldsymbol{F}_1$ 为实际载荷；$\boldsymbol{f}_1$ 为单位虚拟载荷；$\boldsymbol{K}$ 为全柔顺并联机构的整体刚度矩阵。全柔顺并联机构的互能越大说明机构的柔度越大，机构受力作用时越容易产生形变。

全柔顺并联机构的刚度要求，通常采用机构的应变能来衡量结构刚度的大小，应变能是指结构受到外加载荷作用发生变形时，系统内部产生的弹性能。为了模拟全柔顺并联机构受到的反力，采用如图2-14 所示的工况来计算系统的应变能。

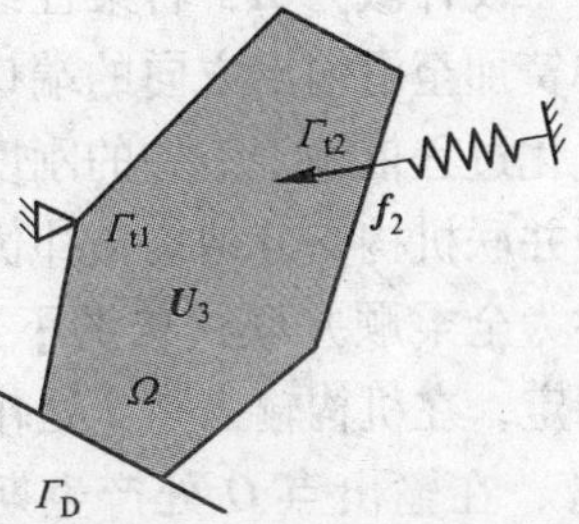

图 2-14 全柔顺并联机构刚性要求示意图

图 2-14 中，输入端 Γ_{t1} 处的自由度被约束，输出端 Γ_{t2} 处的作用力 $\boldsymbol{f}_2$ 是与图 2-13 中 $\boldsymbol{f}_1$ 方向相反的虚拟单位载荷，柔顺机构得到的位移向量为 $\boldsymbol{U}_3$，则全柔顺并联机构对刚度的要求可表达为：

$$\mathrm{SE} = \frac{1}{2} \boldsymbol{U}_3^{\mathrm{T}} \boldsymbol{K} \boldsymbol{U}_3$$

全柔顺并联机构的运动功能和结构功能是两个相互对立的目标。若全柔顺并联机构的设计优化目标为输出位移最大，机构可能由于刚度太差而不能承受额定载荷。反之，若设计优化目标为机构的整体刚度，则为达到设计所需的位移量必须施加较大的驱动力，从而降低全柔顺并联机构运行效率。综合考虑全柔顺机构对柔度和刚度的要求，可采用两种多目标函数优化设计方法，即加权法和比值法，形式表示如下：

加权法

$$\max f = \omega \cdot \text{互应变能} - (1-\omega) \cdot \text{应变能}$$

比值法

$$\max f = \text{互应变能}/\text{应变能}$$

式中，ω 为加权系数，取值范围为（0，1）。

2.2.1.2 增益模型

输出力和输出位移是评价机构性能的两个重要指标，其中重要的概念是机械增益（Mechanical Advantage，MA）和几何增益（Geometrical Advantage，GA）。全柔顺并联机构支链拓扑优化设计如图 2－15 所示。

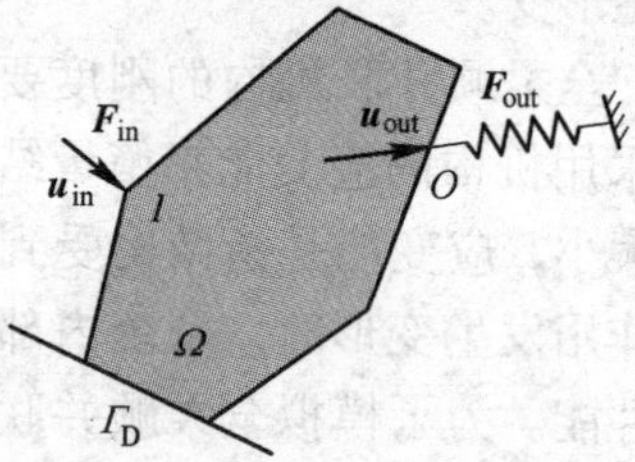

图 2－15 全柔顺并联机构支链拓扑优化设计

设计域为 Ω，将柔性约束——弹簧加至沿输出方向的端口，拓扑优化过程依赖于工件的刚度。全柔顺并联机构支链结构拓扑优化可描述为全柔顺并联机构的下边界 Γ_D 固定，在机构输入点 I 处作用载荷 $\boldsymbol{F}_{in}$，在输出点 O 处产生期望载荷 $\boldsymbol{F}_{out}$ 或期望输出位移 $\boldsymbol{u}_{out}$。目标函数若为输出力最大，则机械增益目标函数定义为输出力与输入力之比：

$$\max \text{MA} = \frac{\boldsymbol{F}_{out}}{\boldsymbol{F}_{in}} \tag{2-21}$$

目标函数若为输出位移，则几何增益目标函数定义为输出位移与输入位移之比：

$$\max \mathrm{MA} = \frac{\boldsymbol{u}_{\mathrm{out}}}{\boldsymbol{u}_{\mathrm{in}}} \tag{2-22}$$

以几何增益为目标函数，假定设计域被划分为 N 个有限单元，定义两种载荷工况：全柔顺并联机构仅在单位输入载荷 $\boldsymbol{f}_{\mathrm{in}}$ 作用时产生位移场，方向与 $\boldsymbol{F}_{\mathrm{in}}$ 相同；全柔顺并联机构仅在单位输出载荷 $\boldsymbol{f}_{\mathrm{out}}$ 作用时产生位移场，方向与 $\boldsymbol{F}_{\mathrm{out}}$ 相同。位移 $\boldsymbol{u}_{ij}$ 用来求解几何增益，下标 ij 表示由端口 j 受力在端口 i 处产生的位移值，由虚位移原理得出系统弹性平衡方程为：

$$\begin{cases} \boldsymbol{u}_{11} = \sum\limits_{k=1}^{n} \int_{\Omega} C_{ijlq}^{e} \varepsilon_{i,j}(\boldsymbol{u}_1) \varepsilon_{l,q}(\boldsymbol{u}_1) \mathrm{d}\Omega \\ \boldsymbol{u}_{21} = \boldsymbol{u}_{12} = \sum\limits_{k=1}^{n} \int_{\Omega} C_{ijlq}^{e} \varepsilon_{i,j}(\boldsymbol{u}_2) \varepsilon_{l,q}(\boldsymbol{u}_1) \mathrm{d}\Omega \\ \boldsymbol{u}_{22} = \sum\limits_{k=1}^{n} \int_{\Omega} C_{ijlq}^{e} \varepsilon_{i,j}(\boldsymbol{u}_2) \varepsilon_{l,q}(\boldsymbol{u}_2) \mathrm{d}\Omega \end{cases} \tag{2-23}$$

式中，$\boldsymbol{u}_1$ 和 $\boldsymbol{u}_2$ 是由有限元平衡方程求解得到的位移矢量。应用叠加原理，在输入输出载荷共同作用下，输入输出位移可表示为：

$$\begin{cases} \boldsymbol{u}_{\mathrm{in}} = \boldsymbol{F}_{\mathrm{in}} \boldsymbol{u}_{11} + \boldsymbol{F}_{\mathrm{out}} \boldsymbol{u}_{12} \\ \boldsymbol{u}_{\mathrm{out}} = \boldsymbol{F}_{\mathrm{in}} \boldsymbol{u}_{21} + \boldsymbol{F}_{\mathrm{out}} \boldsymbol{u}_{22} \end{cases} \tag{2-24}$$

设在输出点 $\boldsymbol{O}$ 处作用在物体上所产生的作用力与输出位移线性关系为：

$$\boldsymbol{F}_{\mathrm{out}} = k \boldsymbol{u}_{\mathrm{out}} + \boldsymbol{f}_0 \tag{2-25}$$

式中，比例系数 k 表示弹簧刚度系数，为正值时表示预紧力，为负值时模拟被作用物体与作用点之间的初始间隙，输入和输出位移可分别表示为：

$$\begin{cases} \boldsymbol{u}_{\mathrm{in}} = \boldsymbol{F}_{\mathrm{in}} \left[\boldsymbol{u}_{11} + \dfrac{\boldsymbol{u}_{21} + \boldsymbol{f}_0 / (\boldsymbol{F}_{\mathrm{in}} \boldsymbol{k})}{1/\boldsymbol{k} - \boldsymbol{u}_{22}} \boldsymbol{u}_{12} \right] \\ \boldsymbol{u}_{\mathrm{out}} = \boldsymbol{F}_{\mathrm{in}} \left[\boldsymbol{u}_{21} + \dfrac{\boldsymbol{u}_{21} + \boldsymbol{f}_0 / (\boldsymbol{F}_{\mathrm{in}} \boldsymbol{k})}{1/\boldsymbol{k} - \boldsymbol{u}_{22}} \boldsymbol{u}_{22} \right] \end{cases} \tag{2-26}$$

2.2.1.3 基于基础结构法的全柔顺并联机构多目标拓扑优化模型

基于基础结构法的拓扑优化模型可广泛应用于各种性质的目标函数和约束条件的场合，如最小柔度问题、最大输出位移问题、最小特征值问题以及最小重量问题等。全柔顺并联机构结构拓扑优化设计中为满足机构刚度和柔度的性能要求，应考虑互应变能最大和应变能最小的多目标优化问题。在基础结构法中，每个框架单元的宽度 b_i 作为设计变量，定义为 N 维张量 $\boldsymbol{b}$，满足体积约束的优化模型表示为：

$$\begin{cases} \max \quad f(\boldsymbol{b}) = \dfrac{\text{MSE}}{\text{SE}} \\ \text{subject to} \quad \boldsymbol{KU} = \boldsymbol{F} \\ V = fV_0 \leqslant V^* \\ b_{\text{low}} \leqslant b_i \leqslant b_{\text{up}} \quad i = 1, \cdots, N \end{cases} \tag{2-27}$$

式中，SE 和 MSE 分别为机构的应变能和互应变能；$\boldsymbol{U}$ 为位移阵列；V 为优化前的结构体积；V_0 是整个设计域的初始体积；V^* 为优化后的结构体积；f 为体积比；b_{low} 和 b_{up} 分别是单元设计变量的最小极限值和最大极限值，引入 b_{low} 的目的是防止单元刚度矩阵的奇异；N 为单元设计变量数。

2.2.1.4 基于基础结构法的多输入多输出全柔顺并联机构拓扑优化模型

与单输入单输出全柔顺并联机构拓扑优化模型相同，多输入多输出全柔顺并联机构的拓扑优化设计需同时具有足够的柔度与刚度，既满足其运动要求，同时能承受足够的载荷。多输入多输出全柔顺并联机构支链柔度评价系统如图 2-16 所示。

图 2-16 中，Ω 为给定多输入多输出结构拓扑优化设计域；Γ_{D} 为机构的边界条件；$I_i(i=1,2,\cdots,n)$ 为若干个驱动输入点，各输入点处的输入力为 $\boldsymbol{F}_i(i=1,2,\cdots,n)$，机构的位移输出点为 $O_j(j=1,2,\cdots,n_0)$，各输出点处期望的输出位移为 $\boldsymbol{u}_{\text{out},j}$（$j=1, 2, \cdots, n_0$）；$\boldsymbol{f}_j(j=1,2,\cdots,n_0)$ 为与输出位移方向相同的虚拟载荷；$\boldsymbol{K}_{\text{out},j}$ $(j=1,2,\cdots,n_0)$ 为输出弹性刚度；n 和 n_0 分别为全柔顺并联机构支链结构的输入输出个数。

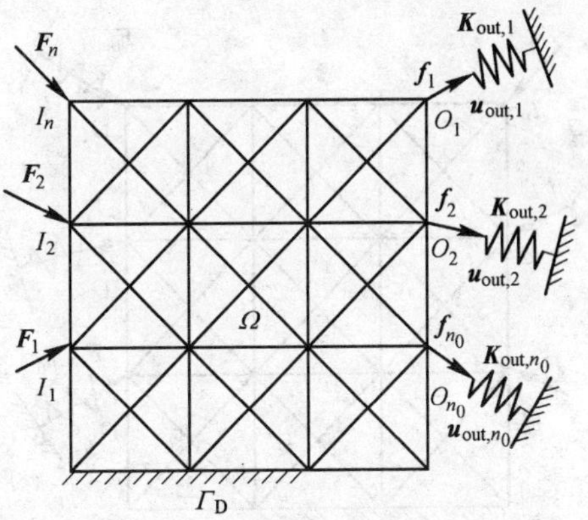

图 2-16 多输入多输出全柔顺并联机构支链柔度评价系统

机构的柔度采用互应变能 MSE 进行表征，互应变能 MSE 可表示为：

$$\mathrm{MSE} = \sum_{i=1}^{n}\sum_{j=1}^{n_0} \boldsymbol{U}_{2,j}^{\mathrm{T}}\boldsymbol{K}\boldsymbol{U}_{1,i} \tag{2-28}$$

式中，$\boldsymbol{U}_{1,i}$和$\boldsymbol{U}_{2,j}$分别为在实际载荷$\boldsymbol{F}_i$（$i=1, 2, \cdots, n$）和虚拟载荷$\boldsymbol{f}_j$（$j=1, 2, \cdots, n_0$）作用下的节点位移矢量。当对机构的操控性要求较高时，应尽可能避免输入输出耦合效应，则式（2-28）可改写为如下形式：

$$\mathrm{MSE} = \sum_{i=1}^{n}\sum_{j=1}^{n_0} \boldsymbol{U}_{2,j}^{\mathrm{T}}\boldsymbol{K}\boldsymbol{U}_{1,i} = \sum_{i=1}^{n} \boldsymbol{U}_{2,i}^{\mathrm{T}}\boldsymbol{K}\boldsymbol{U}_{1,i} + \sum_{i=1}^{n}\sum_{j=1,i\neq j}^{n_0} \boldsymbol{U}_{2,j}^{\mathrm{T}}\boldsymbol{K}\boldsymbol{U}_{1,i} = \mathrm{MSE}_1 + \mathrm{MSE}_2 \tag{2-29}$$

系统刚度采用应变能来表征，当驱动载荷给定后，系统应变能越小则表示系统刚度越大。多输入多输出全柔顺并联机构支链刚度评价系统如图 2-17 所示。

驱动载荷$\boldsymbol{F}_i(i=1,2,\cdots,n)$和边界条件给定后，机构应变能 SE 可表示为：

$$\mathrm{SE} = \frac{1}{2}\boldsymbol{U}_3^{\mathrm{T}}\boldsymbol{K}\boldsymbol{U}_3 \tag{2-30}$$

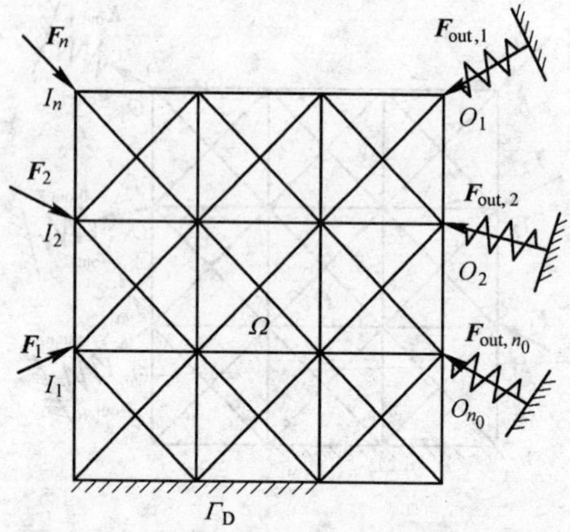

图 2-17　多输入多输出全柔顺并联机构支链刚度评价系统

式中，$\boldsymbol{U}_3$ 是在所有输入载荷 $\boldsymbol{F}_3$ 共同作用下，输出端被固定情况下节点位移矢量；$\boldsymbol{F}_3$ 是所有力矢量，定义为：

$$\boldsymbol{F}_3 = \sum_{i=1}^{n} \boldsymbol{F}_i + \sum_{j=1}^{n_0} \boldsymbol{F}_{\text{out},j} \tag{2-31}$$

反作用力 $\boldsymbol{F}_{\text{out},n_0}$ 为：

$$\boldsymbol{F}_{\text{out},n_0} = \boldsymbol{K}_{\text{out},n_0} \cdot \boldsymbol{u}_{\text{out},n_0}$$

考虑抑制耦合输出的多输入多输出全柔顺并联机构拓扑优化的数学模型为：

$$\begin{cases} \max\left[\dfrac{(1-\mu)\ \text{MSE}_1 - \mu\text{MSE}_2}{\text{SE}}\right] \\ \text{subject to}\quad \boldsymbol{KU}_{1,i} = \boldsymbol{F}_i \qquad i=1,\ 2,\ \cdots,\ n \\ V = fV_0 \leqslant V^* \\ \boldsymbol{KU}_3 = \boldsymbol{F}_3 \\ b_{\text{low}} \leqslant b_i \leqslant b_{\text{up}} \qquad i=1,\ 2,\ \cdots,\ N \end{cases} \tag{2-32}$$

式中，μ 为加权系数，取值空间为［0，1］。

2.2.2 优化准则法

优化是典型的具有不等式约束的非线性规划问题。引入对设计变量上下限约束的拉格朗日乘子以及对体积约束的拉格朗日乘子，构造 Lagrangian 函数为：

$$\mathrm{La} = r + \lambda_1 (V - f \cdot V_0) + \boldsymbol{\lambda}_2^{\mathrm{T}} (\boldsymbol{KU} - \boldsymbol{F}) + \boldsymbol{\lambda}_4 (\boldsymbol{b}_{\mathrm{low}} - \boldsymbol{b} + \boldsymbol{c}_i^2) + \boldsymbol{\lambda}_5 (\boldsymbol{b} - \boldsymbol{b}_{\mathrm{up}} + \boldsymbol{d}_i^2) \tag{2-33}$$

式中，λ_1，$\boldsymbol{\lambda}_2$，$\boldsymbol{\lambda}_4$ 和 $\boldsymbol{\lambda}_5$ 为 Lagrange 乘子，λ_1 为标量，$\boldsymbol{\lambda}_2$，$\boldsymbol{\lambda}_4$ 和 $\boldsymbol{\lambda}_5$ 为矢量；$\boldsymbol{c}_i$ 和 $\boldsymbol{d}_i$ 为松弛因子；$\boldsymbol{b}$ 是由 b_i 组成的列矢量。当 b_i 去极值 b_i^* 时，上述 Lagrangian 函数应满足 Kuhn - Tucker 必要条件：

$$\begin{cases} \dfrac{\partial \mathrm{La}}{\partial b_i} = \dfrac{\partial r}{\partial b_i} + \lambda_1 \dfrac{\partial V}{\partial b_i} + \boldsymbol{\lambda}_2^{\mathrm{T}} \dfrac{\partial (\boldsymbol{KU})}{\partial b_i} - \boldsymbol{\lambda}_4 + \boldsymbol{\lambda}_5 = 0 \\ V = f \cdot V_0 \\ \boldsymbol{F} = \boldsymbol{KU} \\ \boldsymbol{\lambda}_4 (\boldsymbol{b}_{\mathrm{low}} - \boldsymbol{b}) = \boldsymbol{0} \\ \boldsymbol{\lambda}_5 (\boldsymbol{b} - \boldsymbol{b}_{\mathrm{up}}) = \boldsymbol{0} \\ \lambda_4^i > 0 \quad \lambda_5^i > 0 \\ b_{\mathrm{low}} \leqslant b_i \leqslant b_{\mathrm{up}} \qquad i = 1, 2, \cdots, N \end{cases} \tag{2-34}$$

式中，$\boldsymbol{\lambda}_4$ 是由 λ_4^i 组成的列向量；$\boldsymbol{\lambda}_5$ 是由 λ_5^i 组成的列向量。

当 $b_{\mathrm{low}} \leqslant b_i \leqslant b_{\mathrm{up}}$ 时，设计变量的上下限约束均为无效约束，有 $\lambda_4^i = \lambda_5^i = 0$，设计变量为主动变量；当 $b_i = b_{\mathrm{low}}$ 时，仅设计变量下限约束起作用，$\lambda_4^i \geqslant 0$，$\lambda_5^i = 0$，设计变量为被动变量；当 $b_i = b_{\mathrm{up}}$ 时，仅设计变量上限约束起作用，$\lambda_4^i = 0$，$\lambda_5^i \geqslant 0$，设计变量为被动变量。被动变量在迭代过程中不能变化，只能由边界约束来确定。故上述 K - T 条件等价于下式：

$$\begin{cases}\dfrac{\partial r}{\partial b_i}+\boldsymbol{\lambda}_1\dfrac{\partial V}{\partial b_i}+\boldsymbol{\lambda}_2^{\mathrm{T}}\dfrac{\partial(\boldsymbol{KU})}{\partial b_i}=0 \quad \text{if} \quad b_{\mathrm{low}}\leqslant b_i\leqslant b_{\mathrm{up}}\\ \dfrac{\partial r}{\partial b_i}+\boldsymbol{\lambda}_1\dfrac{\partial V}{\partial b_i}+\boldsymbol{\lambda}_2^{\mathrm{T}}\dfrac{\partial(\boldsymbol{KU})}{\partial b_i}\geqslant 0 \quad \text{if} \quad b_i=b_{\mathrm{low}}\\ \dfrac{\partial r}{\partial b_i}+\boldsymbol{\lambda}_1\dfrac{\partial V}{\partial b_i}+\boldsymbol{\lambda}_2^{\mathrm{T}}\dfrac{\partial(\boldsymbol{KU})}{\partial b_i}\leqslant 0 \quad \text{if} \quad b_i=b_{up}\\ V=f\cdot V_0\\ \boldsymbol{F}=\boldsymbol{KU}\\ \lambda_4^i>0 \quad \lambda_5^i>0 \qquad\qquad i=1,2,\cdots,N\end{cases} \tag{2-35}$$

应变能 SE 对设计变量的敏度可表示为：

$$\frac{\partial \mathrm{SE}}{\partial b_i}=\frac{1}{2}\left(\frac{\partial \boldsymbol{U}_3^{\mathrm{T}}}{\partial b_i}\boldsymbol{KU}_3+\boldsymbol{U}_3^{\mathrm{T}}\frac{\partial \boldsymbol{K}}{\partial b_i}\boldsymbol{U}_3+\boldsymbol{U}_3^{\mathrm{T}}\boldsymbol{K}\frac{\partial \boldsymbol{U}_3}{\partial b_i}\right) \tag{2-36}$$

由 $\boldsymbol{f}_3=\boldsymbol{KU}_3$，式（2-36）可改写为：

$$\frac{\partial \mathrm{SE}}{\partial b_i}=\frac{1}{2}\boldsymbol{U}_3^{\mathrm{T}}\frac{\partial \boldsymbol{K}}{\partial b_i}\boldsymbol{U}_3 \tag{2-37}$$

互应变能 MSE 对设计变量的敏度可表示为：

$$\frac{\partial \mathrm{MSE}}{\partial b_i}=\frac{\partial \boldsymbol{U}_1^{\mathrm{T}}}{\partial b_i}\boldsymbol{KU}_1+\boldsymbol{U}_1^{\mathrm{T}}\frac{\partial \boldsymbol{K}}{\partial b_i}\boldsymbol{U}_2+\boldsymbol{U}_1^{\mathrm{T}}\boldsymbol{K}\frac{\partial \boldsymbol{U}_2}{\partial b_i} \tag{2-38}$$

令 $\boldsymbol{f}_2=\boldsymbol{KU}_2$，式（2-38）可表示为：

$$\frac{\partial \mathrm{MSE}}{\partial b_i}=-\boldsymbol{U}_1^{\mathrm{T}}\frac{\partial \boldsymbol{K}}{\partial b_i}\boldsymbol{U}_2 \tag{2-39}$$

式中，$\partial(r)/\partial b_i$ 的值可由式（2-37）和式（2-39）求得。

基础结构法中存在：

$$\frac{\partial k_i}{\partial b_i}=\frac{k_i}{b_i}$$

$$V=f\cdot V_0=\sum_{i=1}^{N}b_i v_i$$

式中，$v_i=l_i\cdot t$；l_i 为单元长度；t 为单元厚度。约束敏度方程可写为：

$$\frac{\partial V}{\partial b_i} = \sum_{i=1}^{N} \frac{\partial (b_i v_i)}{\partial b_i} = v_i$$

因而，目标函数和约束敏度可经上式求出。采用优化准则法迭代公式为：

$$b_i^{\text{new}} = \begin{cases} \max(b_{\text{low}}, b_i - m) & \text{if} \quad b_i B_i^{\eta} \leqslant \max(b_{\text{low}}, b_i - m) \\ \min(1, b_i + m) & \text{if} \quad b_i B_i^{\eta} \geqslant \min(b_{\max}, b_i + m) \end{cases} \tag{2-40}$$

式中，m 为每次迭代中搜索最大步长；η 为阻尼系数，通过引入 η 可确保数值计算过程的稳定性和收敛性。

2.2.3 移动近似算法

移动近似算法通过引入移动渐进线，将隐式中的优化问题转化为一系列显式的更为简单的严格凸的近似子优化问题，在每一步迭代过程中通过求解一个近似凸子问题来获得新的设计变量，进而采用对偶方法对原始偶内点算法求解子问题，用移动渐进子问题的解不断逼近原问题的解。

非线性优化问题可表示为：

$$\begin{cases} \min \quad f_0(b) + a_0 z + \sum_{i=1}^{m} \left(c_i y_i + \frac{1}{2} d_i y_i^2 \right) \\ \text{subject to} \quad f_i(b) - a_i z - y_i \leqslant 0 \quad i = 1, 2, \cdots, m \\ b_j^{\text{low}} \leqslant b_j \leqslant b_j^{\text{up}} \quad j = 1, 2, \cdots, n \\ y_i \geqslant 0, z \geqslant 0 \quad i = 1, 2, \cdots, m \end{cases} \tag{2-41}$$

式中，b 为设计变量；y 和 z 为附加设计变量；f_0，f_1，…，f_m 为连续可微的实函数；b_j^{low}，b_j^{up}，a_0，a_i，c_i，d_i 为实数，且有 $a_0>0$，$a_i \geqslant 0$，$c_i \geqslant 0$，$d_i \geqslant 0$，$c_i + d_i \geqslant 0$；m 为设计约束数；n 为设计变量数。在式（2-41）中，取 $a_i=0$，$c_i=0$，$d_i=0$，即可得到优化问题：

$$\begin{cases} \min \quad f_0(b) \\ \text{subject to} \quad f_i(b) \leqslant 0 \quad i = 1, 2, \cdots, m \\ b_j^{\text{low}} \leqslant b_j \leqslant b_j^{\text{up}} \quad j = 1, 2, \cdots, n \end{cases} \tag{2-42}$$

对一般非线性优化问题直接建立对应问题的Lagrange 函数，目标函数和约束函数通常为设计变量隐式非线性函数，从而使得 K－T 条件形成的方程组求解困难。可将优化问题转化为易于求解的凸性可分离子问题，建立对应于移动近似子问题的 Lagrange 函数及 K－T 条件，用对偶方法求解。将式（2－41）的目标函数和约束函数在倒变量$\frac{1}{b_j-l_j}$上线性展开，移动近似子问题可构造为：

$$\begin{cases}\min \quad \tilde{f}_0^{(k)}(b)+a_0z+\sum\limits_{i=1}^{m}\left(c_iy_i+\frac{1}{2}d_iy_i^2\right)\\ \text{subject to} \quad \tilde{f}_i^{(k)}(b)-a_iz-y_i\leqslant 0 \quad i=1,2,\cdots,m\\ \alpha_j^{(k)}\leqslant b_j\leqslant\beta_j^{(k)} \quad j=1,2,\cdots,n\\ y_i\geqslant 0, z\geqslant 0 \quad i=1,2,\cdots,m\end{cases} \tag{2-43}$$

式中

$$\tilde{f}_i^{(k)}(b)=f_i(b^{(k)})+\sum_{j=1}^{n}p_{ij}^{(k)}\left(\frac{1}{u_j^{(k)}-b_j}-\frac{1}{u_j^{(k)}-b_j^{(k)}}\right)+\sum_{j=1}^{n}q_{ij}^{(k)}\left(\frac{1}{b_j-l_j^{(k)}}-\frac{1}{b_j^{(k)}-l_j^{(k)}}\right)$$

$$p_{ij}^{(k)}=(u_j^{(k)}-b_j)^2\left(\max\left\{0,\frac{\partial f_i}{\partial b_j}(b^{(k)})\right\}+k_{ij}^{(k)}\right)$$

$$q_{ij}^{(k)}=(b_j-l_j^{(k)})^2\left(\max\left\{0,-\frac{\partial f_i}{\partial b_j}(b^{(k)})\right\}+k_{ij}^{(k)}\right)$$

$$\alpha_j^{(k)}=\max\{b_j^{\text{low}},0.9l_j^{(k)}+0.1b_j^{(k)}\}$$

$$\beta_j^{(k)}=\max\{b_j^{\text{up}},0.9u_j^{(k)}+0.1b_j^{(k)}\}$$

$$k_{0j}^{(k)}=10^{-3}\times\left|\frac{\partial f_i}{\partial b_j}(b^{(k)})\right|+10^{-6}\times\frac{1}{(u_j^{(k)}-l_j^{(k)})} \quad j=1,2,\cdots,n$$

渐进参数 $u_j^{(k)}$ 和 $l_j^{(k)}$ 随着迭代过程更新。

当 $k=1$，2 时，有：$l_j^{(k)}=b_j^{(k)}-0.5(b_j^{\text{up}}-b_j^{\text{low}}), u_j^{(k)}=b_j^{(k)}+0.5(b_j^{\text{up}}-b_j^{\text{low}})$；

当 $k\geqslant 3$ 时，有：$l_j^{(k)}=b_j^{(k)}-\gamma_j^{(k)}(b_j^{(k-1)}-l_j^{(k-1)}), u_j^{(k)}=b_j^{(k)}+\gamma_j^{(k)}(u_j^{(k-1)}-b_j^{(k-1)})$。

式中，变量 $\gamma_j^{(k)}$ 采用经验化的更新策略

$$\gamma_j^{(k)} = \begin{cases} 0.7 & \text{if} \quad (b_j^{(k)} - b_j^{(k-1)})(b_j^{(k-1)} - b_j^{(k-2)}) < 0 \\ 1.2 & \text{if} \quad (b_j^{(k)} - b_j^{(k-1)})(b_j^{(k-1)} - b_j^{(k-2)}) > 0 \\ 1.0 & \text{if} \quad (b_j^{(k)} - b_j^{(k-1)})(b_j^{(k-1)} - b_j^{(k-2)}) = 0 \end{cases}$$

由上述可知，移动近似子问题转换为在当前点（$b^{(k)}$，$y^{(k)}$，$z^{(k)}$）处将优化问题式（2－41）中的隐函数 $f_i(b)$ 用一阶近似凸函数 $\tilde{f}_i^{(k)}(b)$ 代替。当 $u_j^{(k)} \to +\infty$，$l_j^{(k)} \to -\infty$ 时，移动近似子问题转化为序列线性规划中的线性近似；当 $u_j^{(k)} \to +\infty$，$l_j^{(k)} \to 0$ 时，移动近似子问题近似凸线性化算法。建立移动近似子问题的 Lagrange 函数及初始设计变量与对偶设计变量之间的关系，得到对偶设计问题的目标函数为：

$$\varphi(\lambda) = L(b, y, z, \lambda) = \sum_{j=1}^{n} \left[\frac{p_j(\lambda)}{u_j - b_j} + \frac{q_j(\lambda)}{b_j - l_j} \right] + a_0 z(\lambda) + \sum_{i=1}^{m} \left[c_i y_i(\lambda) + \frac{1}{2} d_i y_i^2(\lambda) \right]$$

式中，$p_j(\lambda) = p_{0j} + \sum_{i=1}^{m} (\lambda_i p_{ij})$；$q_j(\lambda) = q_{0j} + \sum_{i=1}^{m} (\lambda_i p_{ij})$。

通过以上变换，可将移动近似子问题转换为相应的对偶问题，表示为：

$$\begin{cases} \max & \varphi(\lambda) \\ \text{subject to} & \lambda_i \geqslant 0 \quad i = 1, 2, \cdots, m \end{cases} \tag{2-44}$$

基于移动近似算法的拓扑优化步骤如下：

（1）选择初始点（$b^{(0)}$，$y^{(0)}$，$z^{(0)}$），计算该点处的目标函数和约束函数的函数值 $f_i(b^{(0)})$ 和梯度值 ∇f_i（$b^{(0)}$），$i = 0, 1, \cdots, m$，令 $k = 0$。

（2）计算渐进参数 $u_j^{(k)}$ 和 $l_j^{(k)}$，构造移动近似子问题。

（3）用对偶方法求解移动近似子问题，得到该问题的解 $b^{(k+1)}$。

（4）若 $|b^{(k+1)} - b^{(k)}| \leqslant \varepsilon$，则 $x^{(k+1)}$ 是优化问题的近似解，否则转入下一步。

（5）计算点 $b^{(k+1)}$ 处的目标函数及约束函数值 $f_i(b^{(k+1)})$ 和梯度 .

值$\nabla f_i(b^{(k+1)})$，令$k=k+1$，转入第二步。

基于基础结构法的单输入单输出全柔顺并联支链结构多目标拓扑优化问题的移动近似算法为：

$$\begin{cases} \min -\dfrac{\text{SE}}{\text{MSE}}+z+1000y_1 \\ \text{subject to } \sum\limits_{i=1}^{n} b_i v_i - V_0 \cdot f - y_1 \leqslant 0 \quad i=1,2,\cdots,n \\ 0 \leqslant b_j \leqslant 1 \quad j=1,\cdots,n \\ y_1 \geqslant 0, z \geqslant 0 \end{cases} \tag{2-45}$$

由式（2-45）可知，全柔顺并联支链结构拓扑优化问题是非线性规划问题的特殊情况，即在式（2-41）中取：$f_0=-\dfrac{\text{SE}}{\text{MSE}}, f_1=\sum\limits_{i=1}^{n} b_i v_i - V_0 f$，$a_0=1$，$c_1=1000$，$d_1=0$，$a_1=0$。

2.3 移动渐进算法中的参数量化

结构拓扑优化包括尺寸优化、形状优化等。结构拓扑优化描述形式为：

$$\begin{cases} \min \text{ size } f_0(x)+a_0 z+\sum\limits_{i=1}^{m}\left(c_i y_i+\dfrac{1}{2} d_i y_i^2\right) \\ \text{subject to } f_i(x)-a_i z-y_i \leqslant 0, y_i \geqslant 0, z \geqslant 0 \quad i=1,2,\cdots,m \\ x_j^{\min} \leqslant x_j \leqslant x_j^{\max} \quad j=1,2,\cdots,n \end{cases} \tag{2-46}$$

式中，$(m+1)$个函数$f_i(x)$（$i=0, \cdots, m$）是目标约束函数，在结构拓扑优化中表示结构响应函数，如质量、力、位移及频率等；$x=(x_1, x_2, \cdots, x_n)$为设计变量，在结构优化设计中一般表示截面积、厚度、几何尺寸、形状尺寸等，在复杂结构中则表示为转角及密度等；$y=(y_1, y_2, \cdots, y_m)$和$z$为附加设计变量；$x_j^{\min}$和$x_j^{\max}$为给定设计变量的上下限；$a_i$（$i=0, 1\cdots, m$）$\geqslant 0$为给定实常数；$c_i$和$d_i$为给定实常数，并满足$c_i \geqslant 0$，$d_i \geqslant 0$且$c_i+d_i>0$。

对于简单约束形式下的结构拓扑优化是一种标准型非线性规划问题，可表述为：

$$\begin{cases}\text{min size } f_0(x) \\ \text{subject to } f_i(x) \leqslant 0,\ y_i \geqslant 0,\ z \geqslant 0, \quad i=1,2,\cdots,m \\ x_j^{\min} \leqslant x_j \leqslant x_j^{\max} \quad j=1,2,\cdots,n\end{cases} \tag{2-47}$$

令 $a_0=1$，$a_i=0$，且在所有优化解集中 $z=0$，$d_i=0$，c_i 为文中定义的“较大参数”，则式（2-46）可转换为式（2-47）的形式，对于式（2-46）中任意优化解有 $y=0$，则与之相对应的 x 为式（2-47）中的一个优化解。

c_i 在结构拓扑优化过程中为一个较大实数，影响到结构拓扑优化过程的收敛速度，然而，目前对该参数仅根据设计者经验进行选择，应考虑如何对 c_i 进行量化，选择合理的初值，避免出现极限值。

2.3.1 悬臂梁结构拓扑优化

所采用的悬臂梁由 5 个不同截面部分所构成，如图 2-18 所示。优化目标函数为悬臂梁质量，设计变量为截面的长度和宽度，厚度为定值，在该结构拓扑优化设计中只考虑一个约束载荷处的位移。

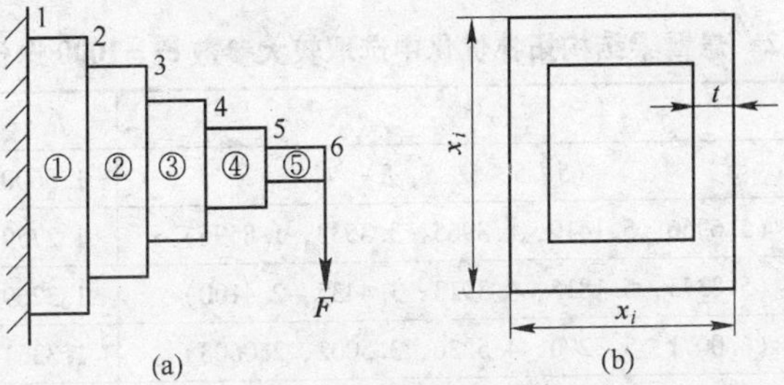

图 2-18 悬臂梁结构示意图

根据经典悬臂梁理论建立的数学模型如下：

$$\begin{cases}\text{min size } c_1 \sum_{i=1}^{5} x_i, x_i > 0 \\ \text{subject to } \dfrac{61}{x_1^3} + \dfrac{37}{x_2^3} + \dfrac{19}{x_3^3} + \dfrac{7}{x_4^3} + \dfrac{1}{x_5^3} \leqslant c_2\end{cases} \tag{2-48}$$

式中，c_1 和 c_2 是与材料有关的参数，取 $c_1=0.0624$，$c_2=1.0$。设初始迭代点为（5，5，5，5，5），位移的上下限分别为：

$$\alpha_j^{(k)}=\max\{0.5x_j^{(k)},\ 1.01l_j^{(k)}\},\ \beta_j^{(k)}=\min\{2.0x_j^{(k)},\ 0.99u_j^{(k)}\}$$

通过选取不同较大参数 c_i，迭代结果如表 2－1～表 2－3 所示。

表 2－1　悬臂梁结构拓扑优化中选取较大参数 $c_i=100$ 迭代结果

k	$x^{(k)}$	$f_0^{(k)}$	$df_0^{(k)}$
0	(5, 5, 5, 5, 5)	1.5600	0
1	(5.7594, 5.3140, 4.5963, 3.5632, 2.0594)	1.2740	0.3527
2	(6.0344, 6.1814, 4.5913, 3.6435, 2.6101)	1.2740	0.2702
3	(6.3313, 5.5620, 4.8236, 3.8101, 2.3019)	1.3041	0.1431
4	(6.4132, 5.6034, 4.7963, 3.7984, 2.4530)	1.3190	0.0831
5	(6.4501, 5.6082, 4.7942, 3.8104, 2.3538)	1.3291	0.0423
6	(6.5152, 5.7684, 4.8931, 3.9123, 2.4521)	1.3333	0.0210
7	(6.5344, 5.7473, 4.9213, 3.9426, 2.4817)	1.3361	0.0186
8	(6.5563, 5.7662, 4.9413, 3.9624, 2.5013)	1.3380	0.0162
9	(6.3741, 5.5853, 4.7624, 3.7824, 2.3124)	1.3394	0.0053
10	(6.1435, 5.3471, 4.5301, 3.5893, 2.1796)	1.3398	0.0034

表 2－2　悬臂梁结构拓扑优化中选取较大参数 $c_i=1000$ 迭代结果

k	$x^{(k)}$	$f_0^{(k)}$	$df_0^{(k)}$
0	(5, 5, 5, 5, 5)	1.5600	0
1	(5.6966, 5.1410, 4.3965, 3.3533, 1.8596)	1.2759	0.1670
2	(5.8375, 5.1815, 4.3913, 3.4435, 2.4100)	1.3269	0.0399
3	(6.0071, 5.3200, 4.5236, 3.5002, 2.0608)	1.3361	0.0099
4	(6.0132, 5.3033, 4.4970, 3.4995, 2.1555)	1.3396	0.0007
5	(6.0163, 5.3080, 4.4953, 3.5008, 2.1534)	1.3400	0.0000
6	(6.0160, 5.3087, 4.4947, 3.5012, 2.1530)	1.3400	0.0000
7	(6.0160, 5.3091, 4.4944, 3.5014, 2.1528)	1.3400	0.0000
8	(6.0160, 5.3092, 4.4943, 3.5015, 2.1527)	1.3400	0.0000
9	(6.0160, 5.3092, 4.4943, 3.5015, 2.1527)	1.3400	0.0000
10	(6.0160, 5.3092, 4.4943, 3.5015, 2.1527)	1.3400	0.0000

表 2-3 悬臂梁结构拓扑优化中选取较大参数 $c_i = 10000$ 迭代结果

k	$x^{(k)}$	$f_0^{(k)}$	$df_0^{(k)}$
0	(5, 5, 5, 5, 5)	1.5600	0
1	(5.6966, 5.1410, 4.3965, 3.3533, 1.8596)	1.2759	0.1670
2	(5.8375, 5.1815, 4.3913, 3.4435, 2.4100)	1.3269	0.0399
3	(6.0071, 5.3200, 4.5236, 3.5002, 2.0608)	1.3361	0.0099
4	(6.0132, 5.3033, 4.4970, 3.4995, 2.1555)	1.3396	0.0007
5	(6.0163, 5.3080, 4.4953, 3.5008, 2.1534)	1.3400	0.0000
6	(6.0160, 5.3087, 4.4947, 3.5012, 2.1530)	1.3400	0.0000
7	(6.0160, 5.3091, 4.4944, 3.5014, 2.1528)	1.3400	0.0000
8	(6.0160, 5.3092, 4.4943, 3.5015, 2.1527)	1.3400	0.0000
9	(6.0160, 5.3092, 4.4943, 3.5015, 2.1527)	1.3400	0.0000
10	(6.0160, 5.3092, 4.4943, 3.5015, 2.1527)	1.3400	0.0000

2.3.2 两单元桁架结构拓扑优化

该算例来自 Bleizinger 的修正 MMA 算法实例。此结构由两个杆件和三个铰链构成，桁架结构受单一载荷作用，结构示意图如图 2-19所示。

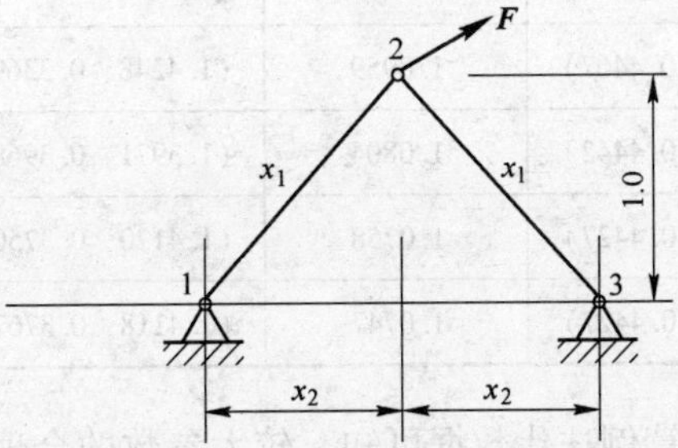

图 2-19 两单元桁架结构示意图

目标函数为两杆件质量，设计变量为两杆件的截面积 x_1 和两支撑铰链距离 $2x_2$，约束函数为拉应力（或压应力）小于 100N/mm^2，该两单元桁架结构数学模型如下：

$$\begin{cases} \text{min size } \omega(x_1, x_2) = c_1 x_1 \sqrt{1+x_2^2} \\ \text{subject to } \sigma_1(x_1, x_2) = c_2 \sqrt{1+x_2^2} \left(\dfrac{8}{x_1} + \dfrac{1}{x_1 x_2}\right) \leqslant 1 \\ \sigma_2(x_1, x_2) = c_2 \sqrt{1+x_2^2} \left(\dfrac{8}{x_1} - \dfrac{1}{x_1 x_2}\right) \leqslant 1,\ 0.2 \leqslant x_1 \leqslant 4,\ 0.1 \leqslant x_2 \leqslant 1.6 \end{cases} \tag{2-49}$$

式中，$c_1 = 1.0$；$c_2 = 0.124$；最小边界值 $x_{\min}$ = （0.2，0.1）；最大边界值 $x_{\max}$ = （4，1.6）。设初始迭代点为（1.5，0.5），选取不同较大参数 c_i，迭代结果如表 2-4 所示。

表 2-4　两单元桁架结构拓扑优化中选取较大参数 $c_i = 100$，$c_i = 10000$ 迭代结果

k	$c_i = 100$		$c_i = 10000$	
	$x^{(k)}$	$\omega_1^{(k)}$	$x^{(k)}$	$\omega_1^{(k)}$
0	(1.5000，0.5000)	1.6771	(1.5000，0.5000)	1.6771
1	(1.3126，0.4801)	1.4560	(1.3845，0.1000)	1.3914
2	(1.1883，0.4678)	1.3119	(1.2012，0.2113)	1.2287
3	(1.0942，0.4581)	1.2035	(1.2509，0.3994)	1.3496
4	(1.0331，0.4511)	1.1333	(1.3955，0.4078)	1.5071
5	(1.0006，0.4467)	1.0959	(1.4248，0.3369)	1.5030
6	(0.9873，0.4442)	1.0804	(1.3971，0.3968)	1.5030
7	(0.9873，0.4427)	1.0758	(1.4120，0.3750)	1.5080
8	(0.9873，0.4427)	1.0747	(1.4118，0.3767)	1.5087

根据以上两算例迭代数据可知，较大参数的合理选择对 MMA 算法的收敛速度有很大影响，两个算例中对较大参数进行量化并计算，可得出不同的收敛速度和目标值。算例 1、2 中，当 $c_i = 100$ 时，在第十次迭代过程中未收敛，且结果与文献结果相差较大，而当 c_i 大于 1000 时，在第六次迭代出现收敛且所得出的计算结果与文献结果

完全吻合。

2.4 数值算例

夹持器的结构是对称的，对于对称的半边结构来说是单输入单输出问题。采用全柔顺机构多目标结构拓扑优化模型在如图 2－20 所示的设计域中设计出夹持器的一半机构的最佳拓扑结构。设计域的尺寸、材料及输入输出等参数如表 2－5 所示。

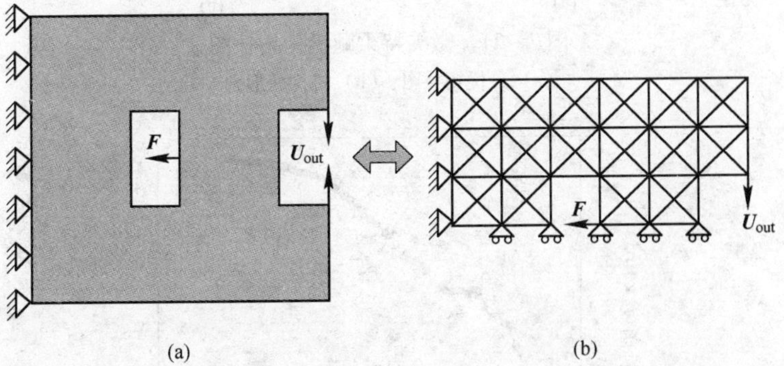

图 2－20 微夹持柔顺机构设计域

（a）微夹持机构设计域和边界条件；（b）等价设计域

表 2－5 设计域尺寸、材料及输入输出参数

变量名称	设定数值	变量名称	设定数值
设计域 S/mm × mm	60 × 30	输出弹簧刚度 K_{out}/N · mm^{-1}	1
输入力 F/mN	10	输入力位置 P/mm	[30, 0]
泊松比 ν	0.3	输出位移位置 O/mm	[60, 10]
弹性模量 E/GPa	100	设计变量上限 b_{up}/mm	1
体积比 f	0.25	设计变量下限 b_{low}/mm	0.001

图 2－21（a）和图 2－21（b）分别为微夹持柔顺机构的拓扑优化结果和变形图，图 2－22 所示为目标函数优化迭代过程曲线。

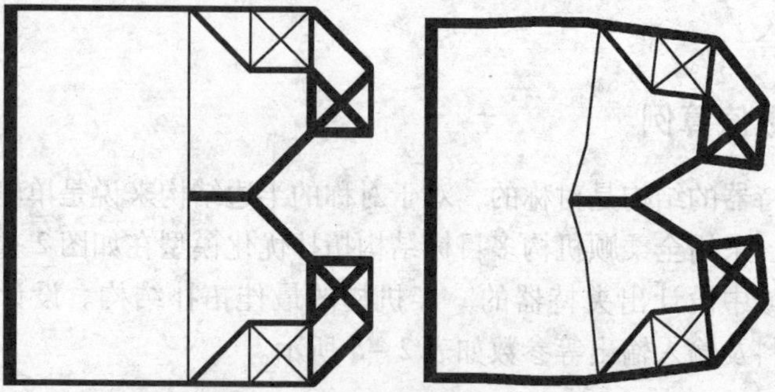

(a) (b)

图 2－21 微夹持柔顺机构拓扑图

（a）最优拓扑图；（b）机构变形图

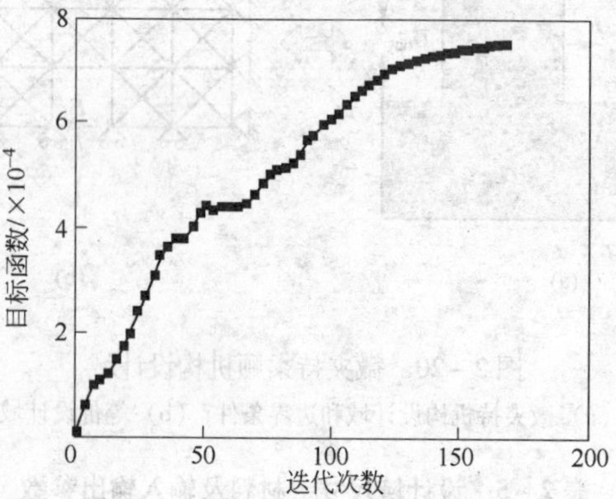

图 2－22 目标函数优化迭代过程曲线

2.5 本章小结

本章研究了全柔顺并联机构空间几何约束条件及多目标拓扑优化设计的基础理论。详细分析和比较了全柔顺并联机构空间位置的几何约束条件，并分别推导了互能和增益两类优化模型的数学表达式。针对全柔顺并联机构的设计，建立了全柔顺并联机构多目标拓扑优化数学模型，目标函数以互应变能最大和应变能最小来满足机构的柔度和刚度需求。推导描述多输入多输出全柔顺并联机构柔性的互应变能公式和描述机构刚性的应变能公式，给出了抑制输出耦合效应的计算公式，建立了考虑抑制输出耦合效应时多输入多输出全柔顺并联机构的多目标优化数学模型。

3　3 - RPC 型全柔顺并联机构刚度及定位性能分析

全柔顺并联机构作为精密定位、精密加工装备的传动支撑机构，对其运动特性和定位（加工）精度有着极其严格的要求。本章根据并联机构构型综合方法及空间拓扑优化理论，以 3 - RPC 型并联机构为研究对象，通过并联机构的运动特性分析，以空间力或力偶约束为其拓扑优化几何约束条件，设计出一种三平移全柔顺并联机构，并将其应用于精密定位（加工）平台，在 SolidWorks 软件中建立该全柔顺并联机构模型，采用 ANSYS 软件对其静力学特性进行分析，结合仿真分析结果对该全柔顺并联机构的静刚度进行计算与分析。

3.1　3 - RPC 型全柔顺并联机构构型综合

3.1.1　3 - RPC 型并联机构构型

3 - RPC 型并联机构由两个等边三角形组成上、下平台，上下平台通过 3 个对称支链所连接，每个支链结构形式为 RPC 型，即转动副 R、移动副 P 及圆柱副 C，其中，P 作为该并联机构的驱动副，R 副轴线与 C 副轴线平行，P 副轴线与 R 副和 C 副轴线相交，结构示意图如图 3 - 1 所示。

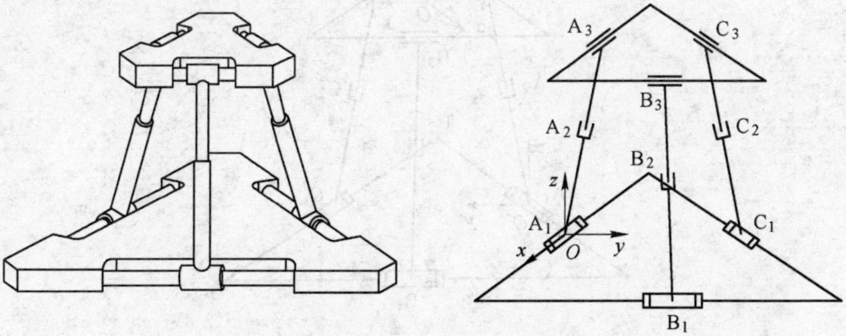

图 3 - 1　3 - RPC 型并联机构构型示意图

3.1.2 3 - RPC 型并联机构几何约束形式

以转动副 A_1 中心为原点，建立直角坐标系 $O-xyz$，根据螺旋理论可知，支链 A_1、A_2、A_3 的运动螺旋为：

$$\begin{cases} \$_{11} = (1,0,0,0,0,0) \\ \$_{12} = (0,0,0,0,b_2,c_2) \\ \$_{13} = (1,0,0,-b_3,0,c_3) \\ \$_{14} = (0,0,0,1,0,0) \end{cases} \tag{3-1}$$

式中，b_2、c_2、b_3、c_3 的值由并联机构运动过程中支链 A_1、A_2、A_3 中 P 副和 C 副的空间位置所确定。

根据反螺旋理论，支链 A_1、A_2、A_3 的反螺旋为：

$$\begin{cases} \$^r_{11} = (0,0,0,0,1,0) \\ \$^r_{12} = (0,0,0,0,0,1) \end{cases} \tag{3-2}$$

由支链反螺旋可知，动平台沿 y 轴、z 轴方向均受到两个约束力偶作用，限制了动平台绕 y 轴、z 轴的两个转动自由度。该机构具有 3 支链呈 120°对称布置，根据坐标系建立原则可知，3 支链对运动平台的约束形式为三正交方向的转动，机构约束力偶分布如图 3-2 所示。

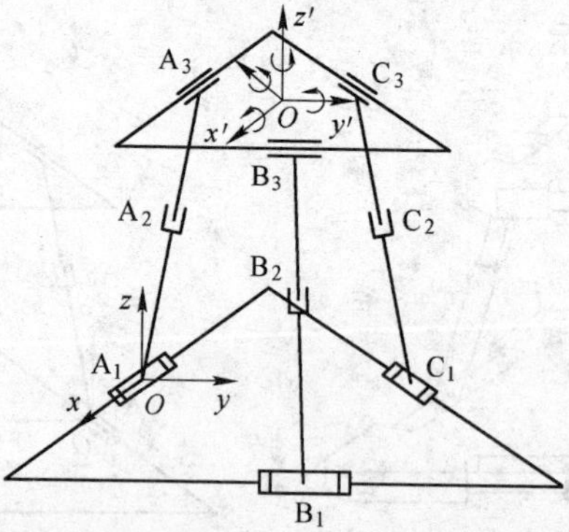

图 3-2 3-RPC 型并联机构三支链约束形式

3.1.3 3 – RPC 型全柔顺并联机构支链构型综合

3.1.3.1 RPC 型全柔顺并联支链结构形式

RPC 型全柔顺并联支链结构设计中应严格按照该类型并联机构各运动副轴线应满足的空间几何约束条件这一设计要求，同时考虑尽可能降低机构装配时构件之间的耦合干扰程度。

3 – RPC 型全柔顺并联机构以机构整体设计为前提，经整体切割后形成集成式 3 – RPC 型全柔顺并联机构空间构型。全柔顺支链在整块板材上通过慢走丝线切割技术加工出柔性铰链及柔性连杆，按照技术要求切割出两个移动副、三个转动副，连接动平台及基座的螺栓孔由加工中心加工。设计出的 RPC 型全柔顺并联支链形式如图 3 – 3 所示，其中 1 为固定支链的螺栓孔，2 为安装压电陶瓷驱动器的定位槽，借此安装压电陶瓷驱动器并以移动副作为驱动副，圆柱副 C 由转动副 R_3 及移动副 P_2 组成。为使 RPC 型全柔顺并联支链具备良好的运动特性，辅助设计出一组相对于移动副 P_1 的转动副 R_1 和 R_2，共同完成支链转动副所产生的运动功能。

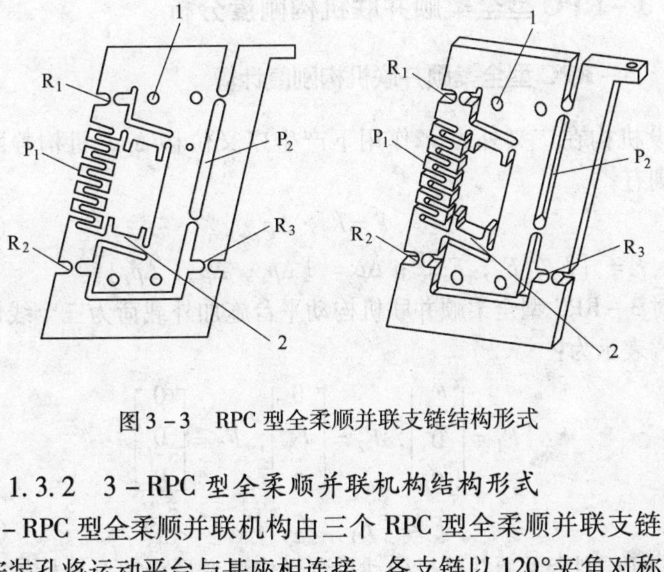

图 3 – 3 RPC 型全柔顺并联支链结构形式

3.1.3.2 3 – RPC 型全柔顺并联机构结构形式

3 – RPC 型全柔顺并联机构由三个 RPC 型全柔顺并联支链组成，通过安装孔将运动平台与基座相连接，各支链以 120°夹角对称分布，三个 RPC 全柔顺并联支链运动输出端与动平台相连接，实现 3 - RPC 型全柔顺并联机构三平移的微运动，压电陶瓷驱动器分别安装在全柔顺并联支链对应的安装槽内，3 - RPC 型全柔顺并联机构构型如图 3 - 4所示。

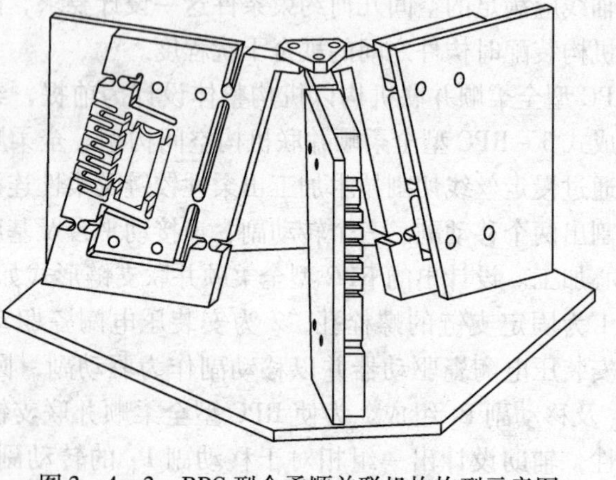

图 3 - 4　3 - RPC 型全柔顺并联机构构型示意图

3.2　3 - RPC 型全柔顺并联机构刚度分析

3.2.1　3 - RPC 型全柔顺并联机构刚度计算

设机构在广义外力 F 作用下产生广义位移 Δp，机构静刚度为 K_s，则有：

$$F = K_s \cdot \Delta p \tag{3-3}$$

式中，$F = [F_x, F_y, F_z]^T$；$\Delta p = [\Delta p_x, \Delta p_y, \Delta p_z]^T$。

对 3 - RPC 型全柔顺并联机构动平台施加外载荷为三个线性独立的力，表示为：

$$F_1 = \begin{bmatrix} F_x \\ 0 \\ 0 \end{bmatrix},\ F_2 = \begin{bmatrix} 0 \\ F_y \\ 0 \end{bmatrix},\ F_3 = \begin{bmatrix} 0 \\ 0 \\ F_z \end{bmatrix}$$

$$F = [F_1, F_2, F_3]^T \tag{3-4}$$

将 3 - RPC 型全柔顺并联机构动平台微位移变形沿三个坐标轴方向分

解，则可表示为：

$$\Delta p_1 = \begin{bmatrix} \Delta p_x \\ 0 \\ 0 \end{bmatrix},\ \Delta p_2 = \begin{bmatrix} 0 \\ \Delta p_y \\ 0 \end{bmatrix},\ \Delta p_3 = \begin{bmatrix} 0 \\ 0 \\ \Delta p_z \end{bmatrix}$$

$$\Delta p = [\Delta p_1,\ \Delta p_2,\ \Delta p_3]^{\mathrm{T}} \tag{3-5}$$

3.2.2 3 – RPC 型全柔顺并联机构刚度仿真

在 SolidWorks 三维软件中建立 3 – RPC 型全柔顺并联机构三维实体模型，将其转换为 ANSYS 有限元软件可识别的 Parasolid 类型文件，在 ANSYS 分析中对材料属性进行设置，选择线性各向同性材料，以 Solid95 单元作为结构实体单元，材料选择 65Mn（弹簧钢），其弹性模量为 207GPa，泊松比为 0.3，密度为 7850kg/m^3。

约束 3 – RPC 型全柔顺并联机构定平台基座全部自由度，在其动平台中心沿 x 轴、y 轴、z 轴方向分别施加 1000N 的力载荷，通过在后处理器提取节点位移、机构应力等数据，机构位移变形云图如图 3 – 5 ~ 图 3 – 8 所示。

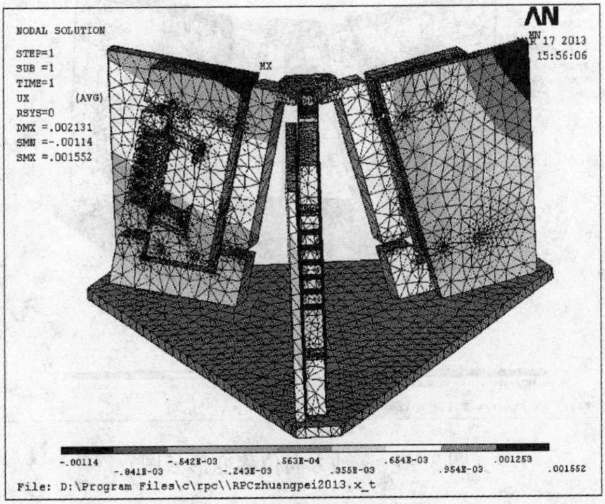

图 3 – 5 x 轴方向位移变形云图

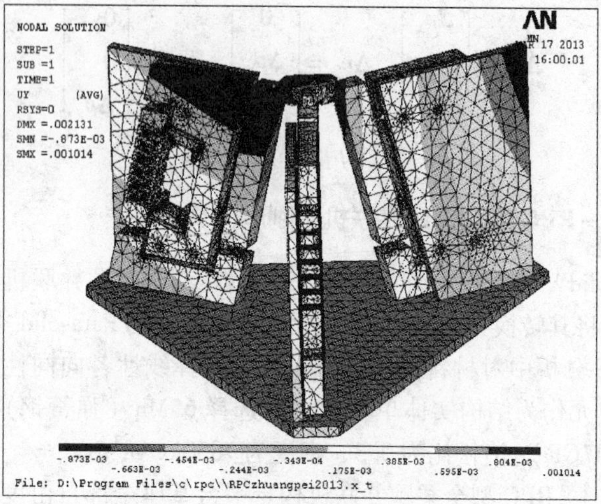

图 3－6　y 轴方向位移变形云图

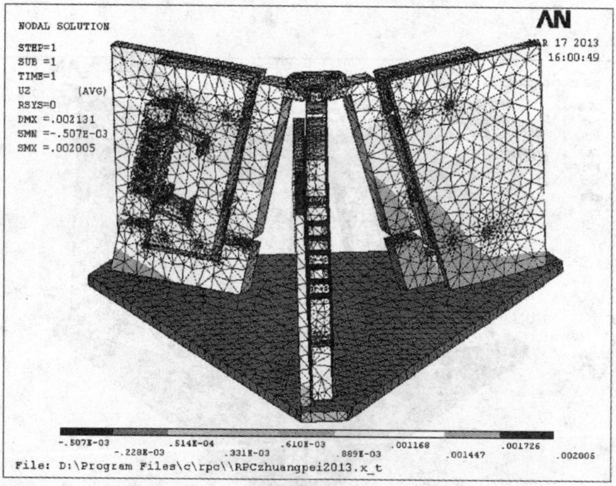

图 3－7　z 轴方向位移变形云图

3－RPC 型全柔顺并联机构输出端关键节点位移数据如表 3－1 所示。

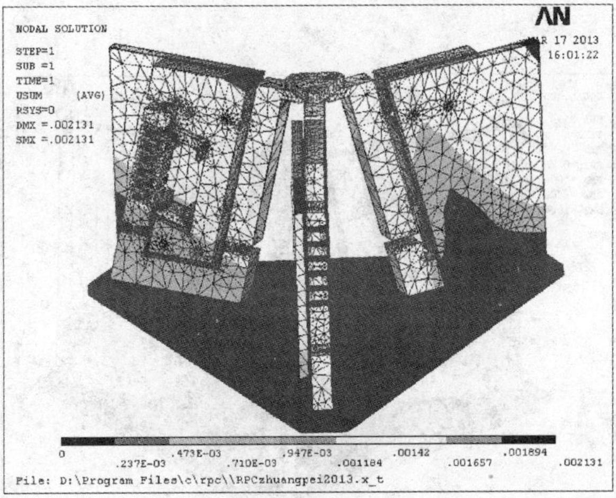

图 3-8 机构整体变形云图

表 3-1 3-RPC 型全柔顺并联机构输出端关键节点位移数据

Node	U_x/m	U_y/m	U_z/m	U_{sum}/m
46804	0.93089E-03	0.93274E-03	0.78763E-03	0.15352E-02
46805	0.94340E-03	0.95097E-03	0.84321E-03	0.15828E-02
46807	0.98501E-03	0.94628E-03	0.81092E-03	0.15885E-02
46808	0.96191E-03	0.91245E-03	0.72901E-03	0.15130E-02
46809	0.10084E-02	0.95107E-03	0.85739E-03	0.16299E-02
46811	0.11782E-02	0.10774E-02	0.95413E-03	0.18600E-02

3.2.3 3-RPC 型全柔顺并联机构静力学分析

压电陶瓷驱动器施加 1000N 的载荷，在对机构进行求解分析后，提取节点位移、机构应力等数据，机构位移变形云图如图 3-9 ~ 图 3-12所示，机构应力云图如图 3-13 所示。

施加 1000N 载荷 3-RPC 型全柔顺并联机构输出端关键节点位移数据如表 3-2 所示。

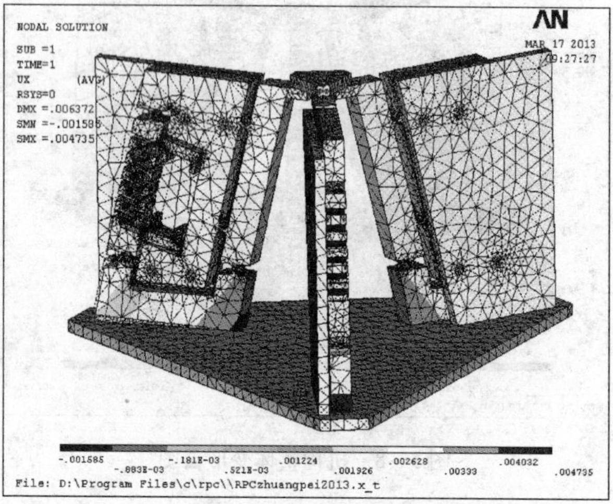

图3-9 施加1000N载荷机构 x 轴方向位移变形云图

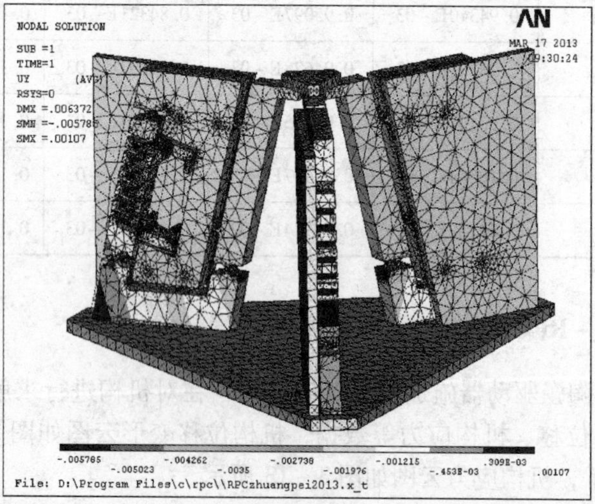

图3-10 施加1000N载荷机构 y 轴方向位移变形云图

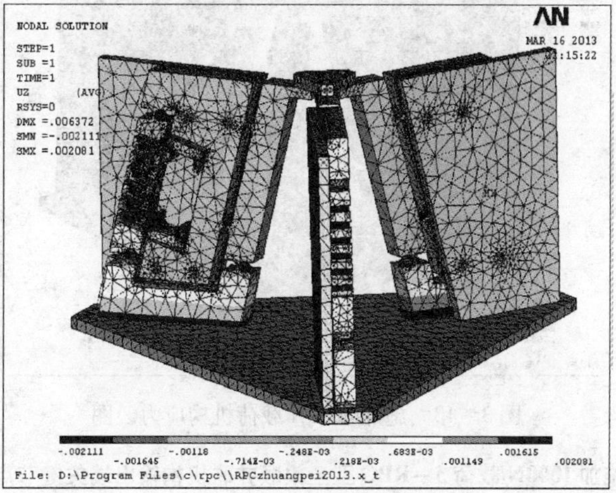

图 3-11 施加 1000N 载荷机构 z 轴方向位移变形云图

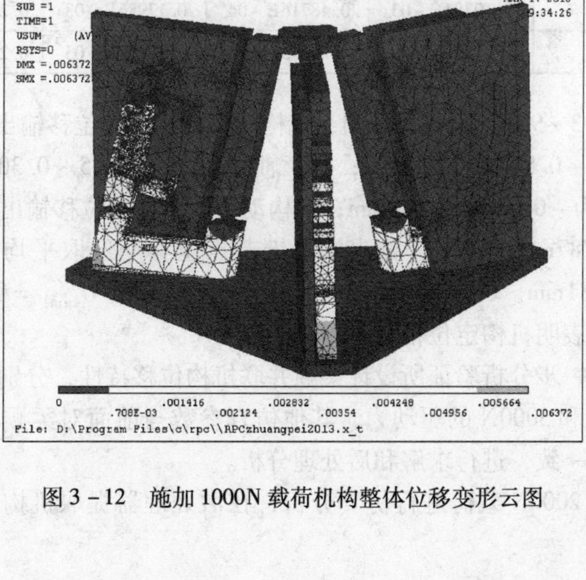

图 3-12 施加 1000N 载荷机构整体位移变形云图

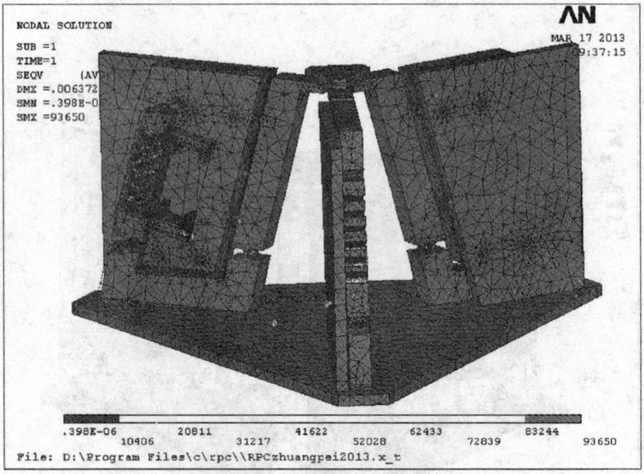

图3-13 施加1000N载荷机构应力云图

表3-2 施加1000N载荷3-RPC型全柔顺并联机构输出端关键节点位移数据

Node	U_x/m	U_y/m	U_z/m	U_{sum}/m
46804	0.49287E-04	0.22994E-04	0.21032E-03	0.21724E-03
46805	0.65291E-04	0.51279E-04	0.19884E-03	0.21548E-03
46807	0.80510E-04	0.21771E-04	0.19407E-03	0.21124E-03
46808	0.66826E-04	-0.16251E-04	0.20157E-03	0.21298E-03
46809	0.10781E-03	0.48716E-04	0.17986E-03	0.21528E-03
46811	0.11498E-03	-0.66955E-04	0.17596E-03	0.21030E-03

由图3-9~图3-13可知，机构动平台输出端位移输出范围在x轴方向为-0.883~1.242mm；在y轴方向为-1.215~0.309mm；在z轴方向为-0.714~0.683mm；机构动平台输出端位移输出总体范围为0~0.787mm；对平台输出端关键节点位移变形取平均值，可得$\overline{U}_{x1}=0.081$mm，$\overline{U}_{y1}=0.010$mm，$\overline{U}_{z1}=0.193$mm，$\overline{U}_{sum1}=0.214$mm，仿真结果表明机构定位精度小于毫米级。

为进一步分析验证所设计柔顺并联机构位移特性，分别对机构施加2000N和3000N的驱动力，其他仿真参数与前面对柔顺并联机构分析设为一致，进行求解和后处理分析。

施加2000N载荷进行仿真分析，在后处理器提取机构及节点位移、机构应力等数据，机构位移变形云图如图 3 - 14 ~ 图 3 - 17 所示，机构应力云图如图 3 - 18 所示。

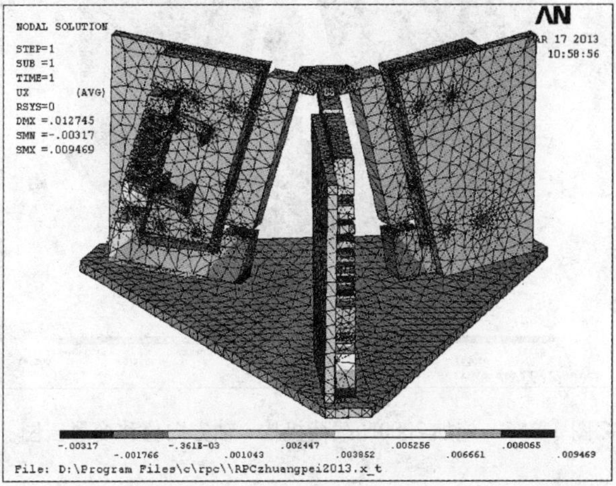

图 3 - 14 施加 2000N 载荷机构 x 轴方向位移变形云图

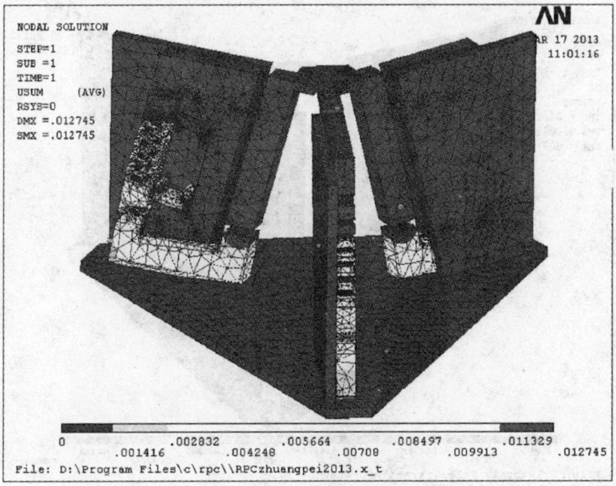

图 3 - 15 施加 2000N 载荷机构 y 轴方向位移变形云图

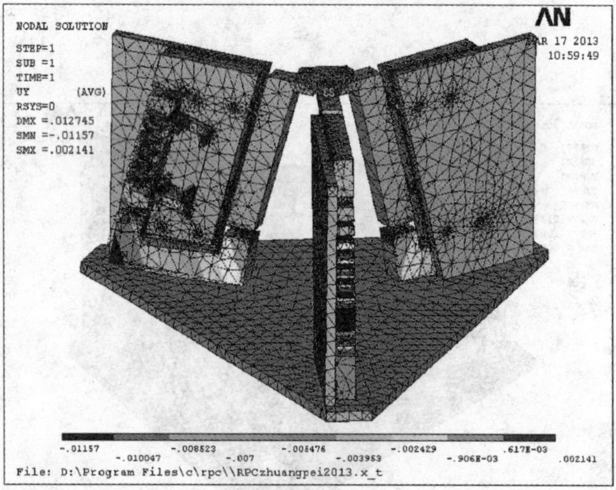

图3-16　施加2000N载荷机构z轴方向位移变形云图

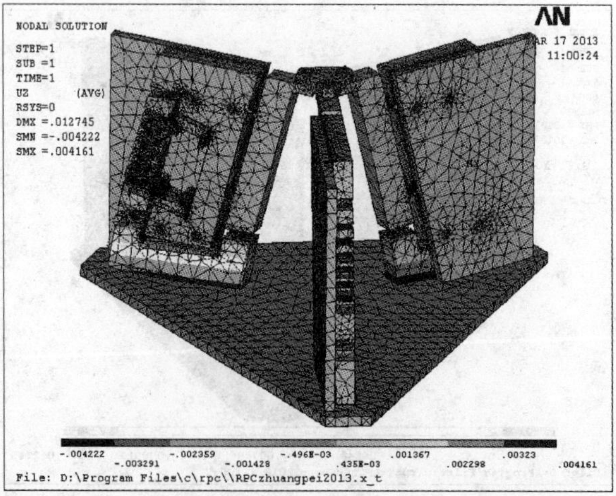

图3-17　施加2000N载荷机构整体位移变形云图

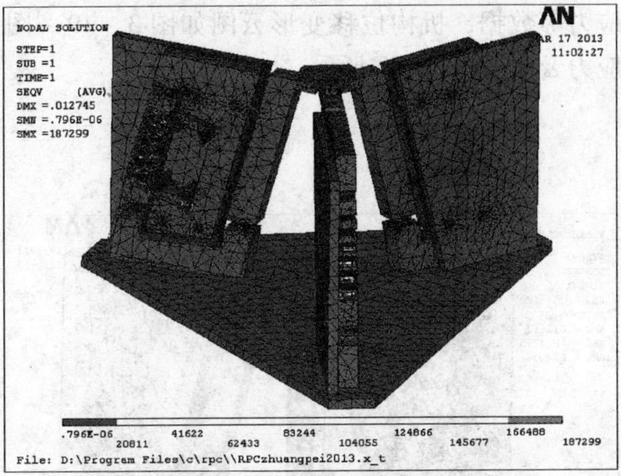

图 3－18 施加 2000N 载荷机构应力云图

施加 2000N 载荷 3－RPC 型全柔顺并联机构输出端关键节点位移数据如表 3－3 所示。

表 3－3 施加 2000N 载荷 3－RPC 型全柔顺并联机构输出端关键节点位移数据

Node	U_x/m	U_y/m	U_z/m	U_{sum}/m
46804	0.98574E－04	0.45989E－04	0.42064E－03	0.43447E－03
46805	0.13058E－03	0.10256E－03	0.39768E－03	0.43095E－03
46807	0.16102E－03	0.43541E－04	0.38815E－03	0.42247E－03
46808	0.13365E－03	－0.32501E－04	0.40315E－03	0.42596E－03
46809	0.21561E－03	0.97432E－04	0.35973E－03	0.43056E－03
46811	0.22995E－03	－0.13391E－04	0.35191E－03	0.42060E－03

由图 3－14～图 3－18 可知，机构动平台输出端位移输出范围在 x 轴方向为 －1.766～2.447mm；在 y 轴方向为 －3.953～0.617mm；在 z 轴方向为 －1.428～1.367mm；机构动平台输出端位移输出总体范围为 0～1.416mm；对平台输出端关键节点位移变形取平均值，可得 $\overline{U}_{x2}=0.162$mm，$\overline{U}_{y2}=0.041$mm，$\overline{U}_{z2}=0.387$mm，$\overline{U}_{sum2}=0.428$mm，仿真结果表明施加 2000N 载荷情况下机构定位精度小于毫米级。

施加 3000N 载荷进行仿真分析，在后处理器提取机构及节点位移、机构应力等数据，机构位移变形云图如图 3－19～图 3－22 所示，机构应力云图如图 3－23 所示。

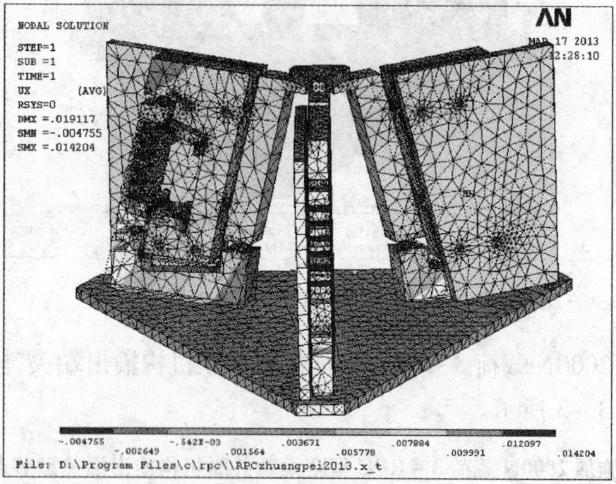

图 3－19　施加 3000N 载荷机构 x 轴方向位移变形云图

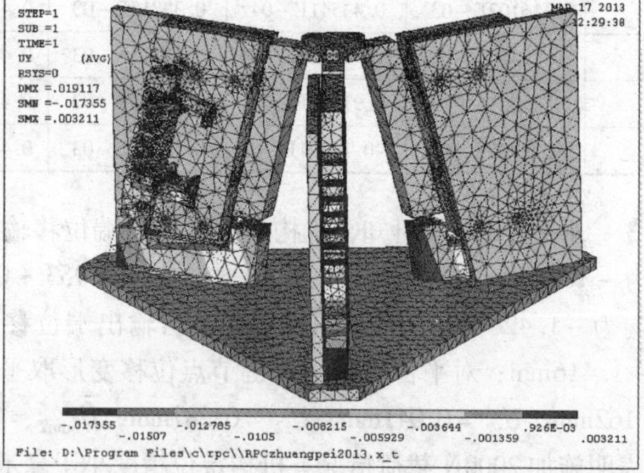

图 3－20　施加 3000N 载荷机构 y 轴方向位移变形云图

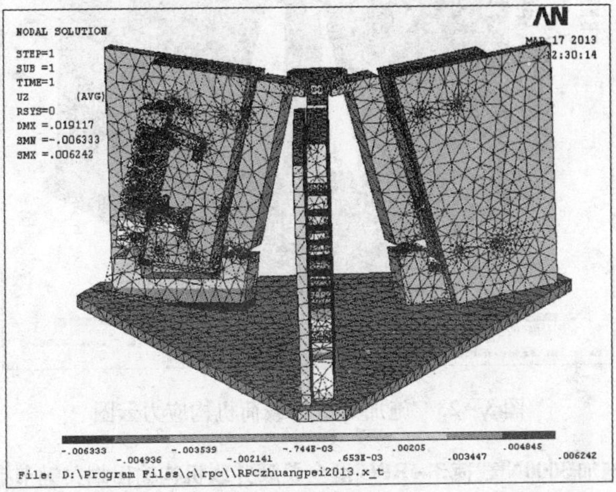

图 3-21 施加 3000N 载荷机构 z 轴方向位移变形云图

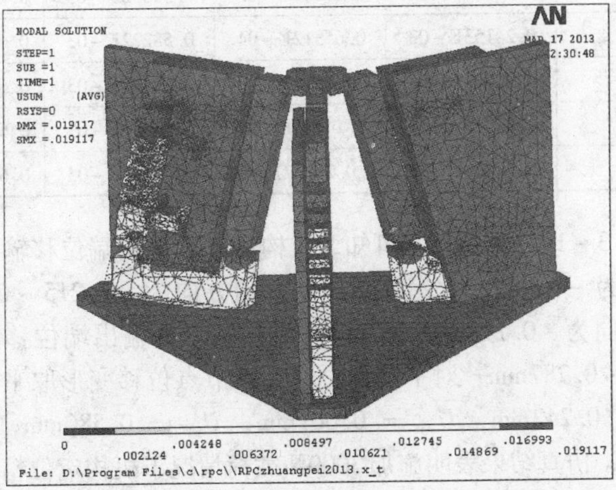

图 3-22 施加 3000N 载荷机构整体位移变形云图

施加 3000N 载荷 3-RPC 型全柔顺并联机构输出端关键节点位移数据如表 3-4 所示。

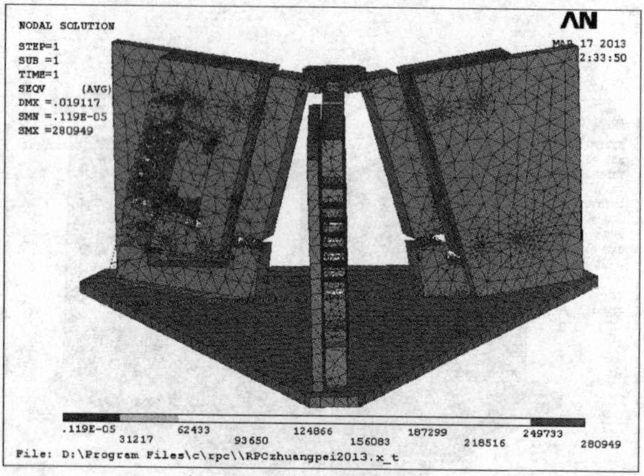

图3-23 施加3000N载荷机构应力云图

表3-4 施加3000N载荷3-RPC型全柔顺并联机构输出端关键节点位移数据

Node	U_x/m	U_y/m	U_z/m	U_{sum}/m
46804	0.14786E-03	0.68983E-04	0.63095E-03	0.65171E-03
46805	0.19587E-03	0.15384E-03	0.59652E-03	0.64643E-03
46807	0.24153E-03	0.65312E-04	0.58222E-03	0.63371E-03
46808	0.20048E-03	-0.48752E-04	0.60472E-03	0.63895E-03
46809	0.32342E-03	0.14615E-03	0.53959E-03	0.64584E-03
46811	0.34493E-03	-0.20087E-04	0.52787E-03	0.63089E-03

由图3-19~图3-23可知，机构动平台输出端位移输出范围在x轴方向为-0.883~1.242mm；在y轴方向为-1.215~0.309mm；在z轴方向为-0.714~0.683mm；机构动平台输出端位移输出总体范围为0~0.787mm；对平台输出端关键节点位移变形取平均值，可得$\overline{U}_{x3}$ = 0.242mm，$\overline{U}_{y3}$ = 0.061mm，$\overline{U}_{z3}$ = 0.580mm，$\overline{U}_{sum3}$ = 0.641mm，仿真结果表明施加3000N载荷情况下机构定位精度小于毫米级。

综合三次不同载荷情况下的仿真分析可知，随着载荷的增加，机构在x、y、z三个轴向方向的位移变形及机构整体位移变化均呈线性变化，机构实现微米级定位精度。

3.3 3－RPC 型全柔顺并联机构定位性能分析

3.3.1 压电陶瓷驱动器实验测试

驱动器采用 PST150 VS15 型压电陶瓷驱动，输入位移为 10μm，压电陶瓷驱动器位移输出响应曲线如图 3－24 所示。

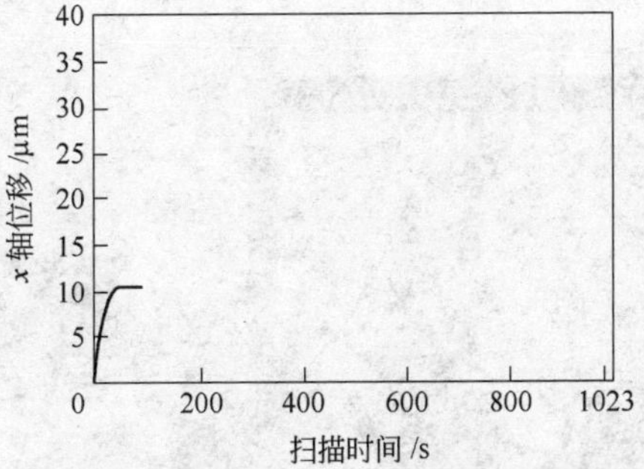

图 3－24　PST150 VS15 型压电陶瓷驱动器位移输出响应曲线

测试结果表明，压电陶瓷驱动器系统响应时间小于 25ms，阶跃响应稳定时间小于 50ms。

精密定位平台工作过程中，压电陶瓷驱动器要不断调节不同位移输入以完成相应的精密定位微位移输出，驱动器响应时间则反映控制系统调节过程的响应速度。压电陶瓷驱动器性能指标还包括位移分辨率及重复定位精度。设定压电陶瓷驱动器最大输出位移为 55μm，实验测试中在 5～50μm 范围内进行 6 组压电陶瓷驱动器位移输出实验，每组进行 5 次实验。系统进入稳定状态后输出位移测量结果如表 3－5 所示。

表 3－5　压电陶瓷驱动器测试结果　（μm）

目标位移	5.000	15.000	25.000	35.000	45.000	55.000
误差位移	－0.010	0.011	0.024	0.017	－0.015	0.019
	0.014	0.019	0.007	－0.020	0.018	0.025
	0.021	－0.004	－0.011	0.012	0.023	0.011
	0.017	0.012	0.012	0.021	0.021	0.024
	－0.012	0.014	0.022	0.016	0.027	－0.015
最大绝对误差	0.021	0.019	0.024	0.021	0.027	0.025

3.3.2 精密定位平台实验测试

基于 3-RPC 型全柔顺并联机构作为精密定位平台的支撑机构，对全柔顺并联支链采用整体式加工以降低传统柔性铰链的装配、加工误差，实验测试系统如图 3-25 所示。

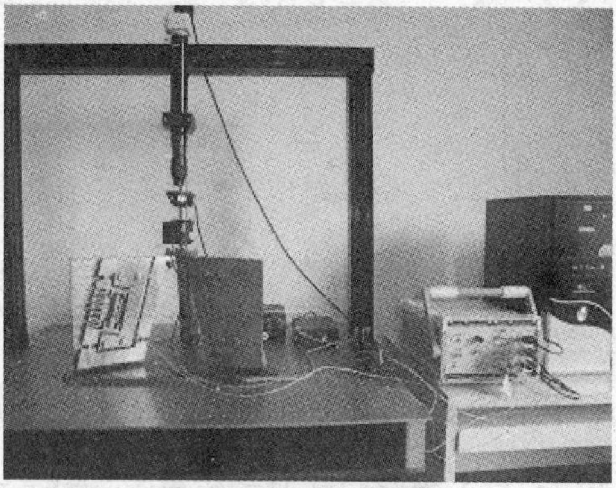

图 3-25 基于 3-RPC 型全柔顺并联机构的精密定位平台实验测试系统

精密定位平台测量结果如表 3-6 所示。

表 3-6 精密定位平台实验测量数据

实验次数	载荷 1000N			载荷 2000N			载荷 3000N		
	U_x/mm	U_y/mm	U_z/mm	U_x/mm	U_y/mm	U_z/mm	U_x/mm	U_y/mm	U_z/mm
1	0.079	0.015	0.186	0.153	0.043	0.389	0.251	0.070	0.565
2	0.095	0.043	0.214	0.145	0.055	0.365	0.294	0.083	0.596
3	0.092	0.047	0.207	0.213	0.052	0.391	0.237	0.072	0.607
4	0.086	0.022	0.022	0.198	0.071	0.402	0.254	0.097	0.631
5	0.099	0.025	0.025	0.175	0.049	0.420	0.261	0.081	0.604

精密定位平台各方向的位移输出实验测量结果与仿真分析结果对比如图 3-26 ~ 图 3-28 所示。

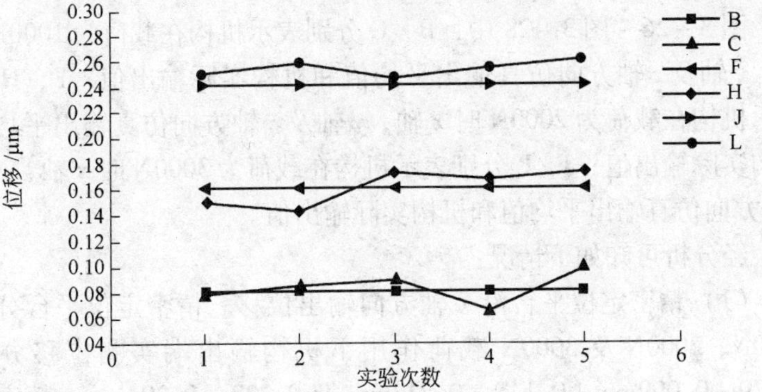

图 3-26 精密定位平台 x 轴实验输出位移与仿真结果对比

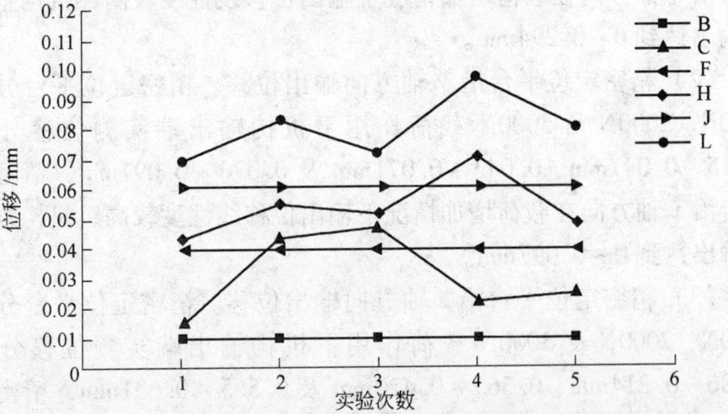

图 3-27 精密定位平台 y 轴实验输出位移与仿真结果对比

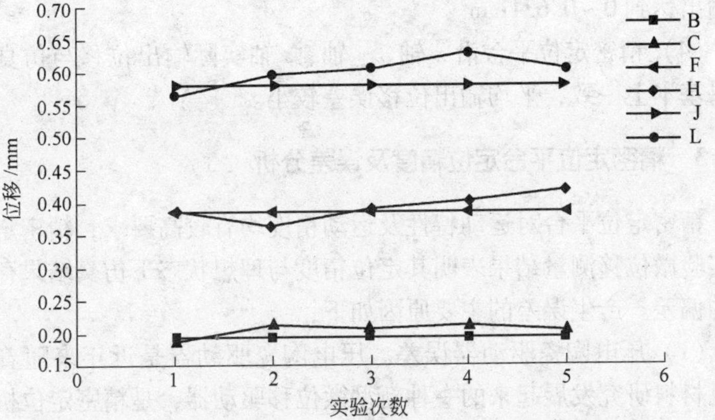

图 3-28 精密定位平台 z 轴实验输出位移与仿真结果对比

图3-26~图3-28中，B、C分别表示机构在载荷为1000N时x轴、y轴及z轴方向仿真输出平均值和机构实际输出值；F、H分别表示机构在载荷为2000N时x轴、y轴及z轴方向仿真输出平均值和机构实际输出值；J、L分别表示机构在载荷为3000N时x轴、y轴及z轴方向仿真输出平均值和机构实际输出值。

经分析可知如下情况：

（1）精密定位平台沿x轴方向输出位移。精密定位平台分别在1000N、2000N及3000N载荷作用下机构输出端实测位移分别为0.079~0.099mm、0.145~0.213mm及0.237~0.294mm，精密定位平台沿x轴方向在载荷增加情况下输出位移线性度较高，机构整体位移输出达到0~0.294mm。

（2）精密定位平台沿y轴方向输出位移。精密定位平台分别在1000N、2000N及3000N载荷作用下机构输出端实测位移分别为0.015~0.047mm、0.043~0.071mm及0.070~0.097mm，精密定位平台沿x轴方向在载荷增加情况下输出位移线性度较高，机构整体位移输出达到0~0.097mm。

（3）精密定位平台沿z轴方向输出位移。精密定位平台分别在1000N、2000N及3000N载荷作用下机构输出端实测位移分别为0.186~0.214mm、0.365~0.420mm及0.565~0.631mm，精密定位平台沿z轴方向在载荷增加情况下输出位移线性度较高，机构整体位移输出达到0~0.631mm。

（4）精密定位平台沿x轴、y轴、z轴实际输出位移与仿真分析结果基本上一致，平均输出位移误差较小。

3.3.3 精密定位平台定位精度及误差分析

精密定位平台对运动特性及运动精度均有较高要求，精密定位平台实验微位移测量结果表明其定位精度与理想状态下仿真结果存在一定的偏差。产生误差的主要原因如下：

（1）压电陶瓷驱动器误差。压电陶瓷驱动器是近年来随着新型压电材料研究发展起来的一种新型微位移驱动器，是精密定位机构力和位移的输入端，其产生微位移驱动原理主要是利用压电材料逆压电效应及电致伸缩效应，两者在外加电场变化时并非都是线性变化。同时，压电陶瓷驱动器在工作过程中存在迟滞、蠕变、非线性等影响输出微位移精度的因素，温度对驱动器的输出位移稳定性影响较小，但在精密定位过程中却不可避免被忽视。驱动器需要通过驱动控制器的功率驱动模块对控制电压信号进行放大，其输出位移精度受驱动电源的稳定性影响较大。因此，在实际工作过程中，需要对压电陶瓷驱动器输出位移进行标定。

(2) 全柔顺并联机构传动误差。全柔顺并联机构作为精密定位平台的支撑结构主体，其传动精度对精密定位平台定位精度影响较大，虽然在全柔顺并联机构构型设计中采取集成式结构设计方法以消除全柔顺并联支链动力传动中的装配误差、运动副间隙及摩擦等影响因素，然而在整体加工过程中仍存在加工误差，从而是影响精密定位平台定位精度的因素之一。柔性铰链利用可逆性弹性变形实现设计要求的运动形式，在柔性铰链加工过程中，外形尺寸误差及加工工艺所造成的加工残余应力将直接影响全柔顺并联支撑机构的精密定位平台定位性能与定位精度。

(3) 精密定位过程中检测误差。压电陶瓷驱动器工作过程中由内置的电阻应变传感器对驱动器输出微位移进行测量，这种位移检测装置在信号转换反馈至中央处理计算机的过程中受转换电路影响存在偏差。另一方面，激光干涉仪的精确测量与设备调试关系较大。

(4) 其他影响因素。外界环境因素如振动、温度、环境噪声等对精密定位平台的定位精度具有较大的影响。

3.4 本章小结

本章对精密定位平台传动机构及控制系统进行了研究，设计了以压电陶瓷为驱动器的 3 - RPC 型全柔顺并联机构精密定位平台。基于螺旋理论对 3 - RPC 型并联机构构型及运动特性进行了分析，结合柔性铰链特性研究设计了 3 - RPC 型柔顺并联机构，对柔顺支链采用整体式设计，与传统支链结构相比消除了装配误差、间隙以及机械摩擦，提高了机构定位精度。

运用虚功原理建立了柔顺并联机构静刚度模型；基于 SolidWorks

软件建立全柔顺并联机构模型，利用 ANSYS 软件对机构进行静力学仿真得出了机构仿真输出位移；由机构静刚度模型结合仿真分析得出了机构静刚度矩阵。

构建精密定位平台实验系统进行实验验证，对压电陶瓷定位精度及平台定位精度进行测试，并分析了定位系统误差来源及产生原因。

4　空间4 - CRU型全柔顺并联机构

本章基于空间4 - CRU并联机构的结构和运动特性，采用替换法设计出与之对应的4 - CRU型全柔顺并联机构。根据单元动力学方程、单元刚度矩阵、单元铰链刚度矩阵及坐标变换计算出支链的刚度矩阵，经转换、装配得出全柔顺并联机构的整体刚度。

4.1　空间4 - CRU型并联机构

4.1.1　空间4 - CRU型并联机构构型

4 - CRU型并联机构由4条CRU型支链组成。CRU型支链包含一个圆柱副（C）、一个转动副（R）和一个虎克铰（U）。C副由R_1副和P_1副组成，且这两个运动副共轴。U副由两个R副（R_2和R_3）组成，并且满足$R_2 \perp R_3$。整条支链的几何条件为$R_1 /\!/ R_3$，$R_1 \perp R_2$，$R_2 /\!/ R_4$，4条CRU型支链均垂直于动平台和基座。4 - CRU型并联机构结构简图如图4 - 1所示。

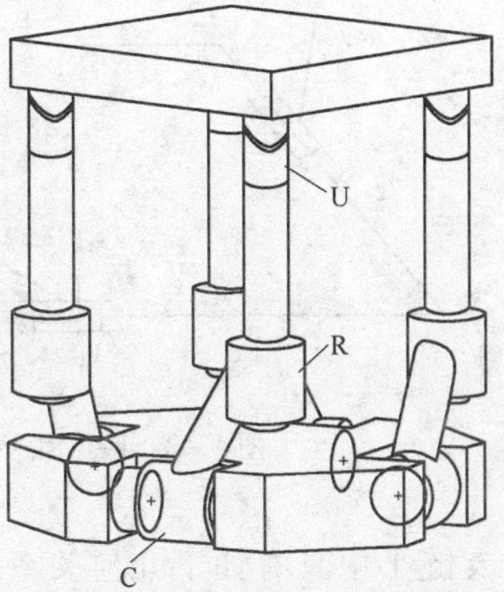

图4 - 1　4 - CRU型并联机构结构图

4.1.2　空间4 - CRU型并联机构运动特性

在分析并联机构的运动特性时，首先建立相应的坐标系；然后分析支链的运动螺旋；最后通过求得的各支链的反螺旋分析出各约束力或约束力偶的几何关系，从而总结得出动平台的约束及该机构的运动特性。

如图 4 - 2 所示，在定平台上建立系统坐标 $P-xyz$，x 轴和 y 轴在动平台内，z 轴垂直于定平台。在支链Ⅰ上建立局部坐标系 $B_1-x_1y_1z_1$，其中 z_1 垂直于定平台，x_1 轴与装配在定平台上的移动副 B_1 的轴线平行。

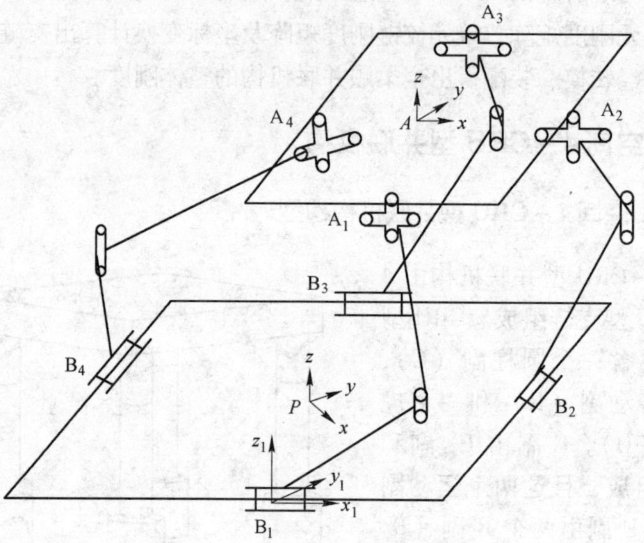

图 4 - 2　4 - CRU 并联机构结构简图

支链Ⅰ中具有如下几何关系：$\$_{11}$ 与 $\$_{12}$ 同轴，$\$_{11} /\!/ B_1x_1$，$\$_{13} /\!/ B_1z_1$，$\$_{14} /\!/ B_1x_1$，$\$_{15} /\!/ B_1z_1$，支链Ⅰ的各运动副用运动螺旋可以表示为：

$$\begin{cases} \$_{11} = (1,\ 0,\ 0;\ 0,\ 0,\ 0) \\ \$_{12} = (0,\ 0,\ 0;\ 1,\ 0,\ 0) \\ \$_{13} = (0,\ 0,\ 1;\ 0,\ q_{i3},\ r_{i3}) \\ \$_{14} = (1,\ 0,\ 0;\ p_{i4},\ 0,\ r_{i4}) \\ \$_{15} = (0,\ 0,\ 1;\ 0,\ q_{i5},\ r_{i5}) \end{cases} \tag{4-1}$$

根据式（4 - 1）确定其约束反螺旋系：

$$\$_1^r = (0,\ 0,\ 0;\ 0,\ 1,\ 0) \tag{4-2}$$

由上述分析可知，该支链提供一个绕 y 轴方向的约束力偶。4－CRU 型并联机构具有4个相同的 CRU 支链，4个支链分支结构施加4个约束力偶且满足共面汇交的几何条件，从而约束4－CRU 型全柔顺并联机构绕 x 轴、y 轴的两个转动自由度。

综上所述，空间4－CRU 型全柔顺并联机构具有4个自由度，即绕 z 轴的转动和绕 x、y、z 轴的移动。

4.2　基于空间4－CRU型全柔顺并联支撑机构的精密定位平台

全柔顺支链是在选定的一整块合适的材料上通过先进切割技术分别切割出各个相应的柔性铰链和柔性连杆。CRU 型全柔顺支链结构经整体切割形成，包括柔性虎克铰 U、柔性转动副 R、两个柔性转动副 R_1、四连杆型柔性移动副 P_1 和连接各个柔性铰链的柔性连杆等部分，如图4－3所示。在常规铰链中，圆柱副可以由一个转动副和一个移动副构成，因此在 CRU 型全柔顺支链中设计两个柔性转动副 R_1 和四连杆型柔性移动副 P_1 构成了一个柔性圆柱副 C。

用4个 CRU 型全柔顺支链将固定基座和运动平台连接在一起就构成了4－CRU 型全柔顺并联机构，如图4－4所示。

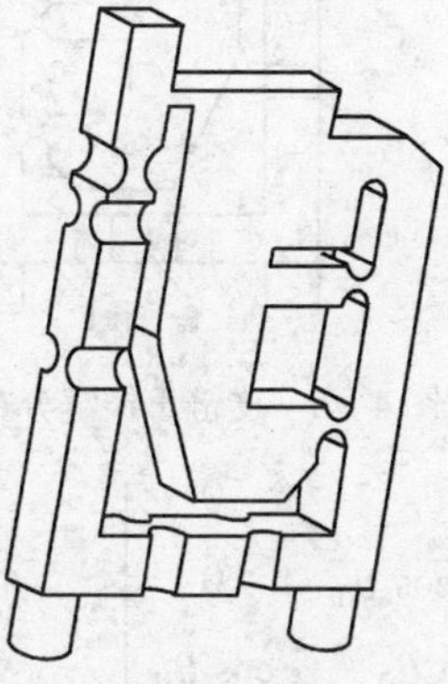

图4－3　4－CRU 型全柔顺并联机构支链结构形式

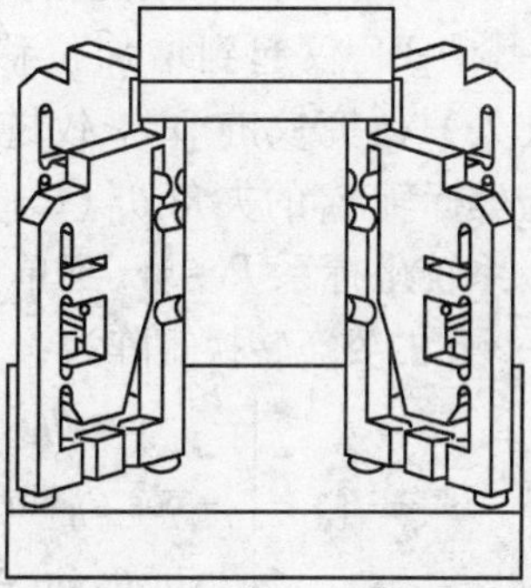

图4－4　4－CRU 型全柔顺并联机构

4.3 空间4－CRU型全柔顺并联机构刚度分析

4.3.1 基于动力学的空间4－CRU型全柔顺并联机构支链刚度分析

4－CRU型全柔顺并联机构包含四个支链，分别记为支链Ⅰ、Ⅱ、Ⅲ和Ⅳ。以支链Ⅰ为研究对象推导出刚度，从而推导出支链Ⅱ、Ⅲ和Ⅳ的刚度，最终通过整合得出4－CRU型全柔顺支链的刚度。

将支链Ⅰ分为六个部分，利用单元刚度矩阵分别得出六个部分的刚度，然后把铰链刚度和六个部分的刚度叠加，从而得出支链Ⅰ的刚度矩阵。支链Ⅰ中含有5个铰链，分别为转动副AB、BC、CD、DE以及铰链BC、CD、DE和EF组成的移动副P，如图4－5所示。由于两个相邻的铰链具有公共的交点，故交点处的位移改变量相同。支链Ⅰ中广义坐标的数量如表4－1所示。

表4－1　支链Ⅰ中铰链的广义坐标数量

铰链代号	AB	BC	CD	DE	P
广义坐标数量	6	6	3	3	3

从表4－1可以得出，支链Ⅰ的结点数可用21个广义坐标表示。

支链Ⅰ中，C副由R副和P副构成。铰链DE、EF共同组成了转动副R，其中EF仅起到增加位移的作用，故此处只研究铰链DE。铰链DE的轴线与坐标轴 z_{i1} 的夹角 θ_{i1}（$i=1, 2, 3, 4$），系统坐标系 $P-xyz$ 到单元坐标系 $B_{i1}-xyz$ 的姿态转换矩阵为：

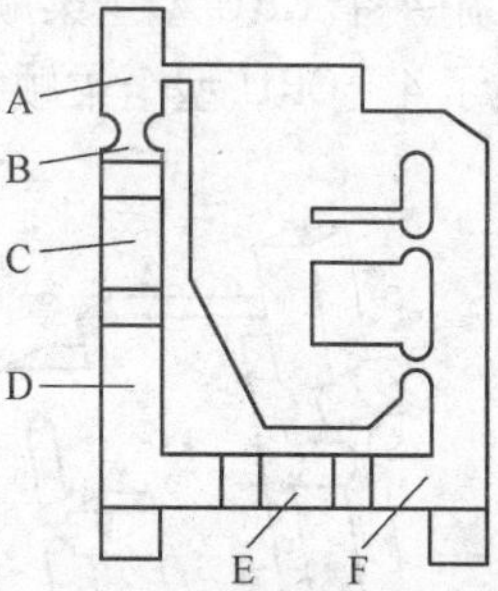

图4－5　支链Ⅰ铰链分布图

$$\boldsymbol{R}_{i1}=\begin{bmatrix}\cos\theta_{i1} & \sin\theta_{i1} & 0\\ -\cos\theta_{i1}\sin\theta_{0i} & \cos\theta_{i1}\cos\theta_{0i} & 0\\ \sin\theta_{i1}\sin\theta_{0i} & -\sin\theta_{i1} & \cos\theta_{i1}\end{bmatrix}\tag{4-3}$$

铰链BC、CD、DE和EF组成的移动副，在其运动位移矢量 $\boldsymbol{k}=$

$(k_x, k_y, k_z)^{\mathrm{T}}$ 上建立的单元坐标系 $B_{i2}-xyz$ 与系统坐标系 $P-xyz$ 姿态之间的转换矩阵为:

$$T_{i2}=\begin{bmatrix} r_{11} & r_{12} & r_{13} & k_x \\ r_{21} & r_{22} & r_{23} & k_y \\ r_{31} & r_{32} & r_{33} & k_z \\ 0 & 0 & 0 & 1 \end{bmatrix} \tag{4-4}$$

式中，θ_{i2}（$i=1, 2, 3, 4$）为从单元坐标系 $B_{i2}-xyz$ 到局部坐标系 $B_i-x_iy_iz_i$ 的旋转角度，且有:

$$r_{11}=k_xk_xV\theta_{i2}C\theta_{0i}-C\theta_{i2}C\theta_{0i}+k_xk_yV\theta_{i2}S\theta_{0i}-k_zS\theta_{i2}S\theta_{0i}$$
$$r_{12}=-k_xk_xV\theta_{i2}S\theta_{0i}+C\theta_{i2}S\theta_{0i}+k_xk_yV\theta_{i2}C\theta_{0i}-k_zS\theta_{i2}C\theta_{0i}$$
$$r_{13}=k_xk_zV\theta_{i2}+k_yS\theta_{i2}$$
$$r_{21}=k_xk_yV\theta_{i2}C\theta_{0i}+k_zS\theta_{i2}C\theta_{0i}+k_yk_yV\theta_{i2}S\theta_{0i}+C\theta_{i2}S\theta_{0i}$$
$$r_{22}=-k_xk_yV\theta_{i2}S\theta_{0i}-k_zS\theta_{i2}S\theta_{0i}+k_yk_yV\theta_{i2}C\theta_{0i}+C\theta_{i2}C\theta_{0i}$$
$$r_{23}=k_yk_zV\theta_{i2}-k_xS\theta_{i2}$$
$$r_{31}=k_xk_zV\theta_{i2}C\theta_{0i}-k_yS\theta_{i2}C\theta_{0i}+k_yk_zV\theta_{i2}S\theta_{0i}+k_xS\theta_{i2}S\theta_{0i}$$
$$r_{32}=-k_xk_zV\theta_{i2}S\theta_{0i}+k_yS\theta_{i2}S\theta_{0i}+k_yk_zV\theta_{i2}C\theta_{0i}+k_xS\theta_{i2}C\theta_{0i}$$
$$r_{33}=k_zk_zV\theta_{i2}+C\theta_{i2}$$
$$V\theta=1-\cos\theta，S\theta=\sin\theta，C\theta=\cos\theta$$

铰链CD与坐标轴 x_{i1} 的夹角为 θ_{i3}（$i=1, 2, 3, 4$），系统坐标系 $P-xyz$ 到单元坐标系 $B_{i3}-xyz$ 的姿态转换矩阵为:

$$R_{i3}=\begin{bmatrix} \cos\theta_{0i}\cos\theta_{i3} & \sin\theta_{0i}\cos\theta_{i3} & -\sin\theta_{i3} \\ -\sin\theta_{0i} & \cos\theta_{0i} & 0 \\ \cos\theta_{0i}\sin\theta_{i3} & \sin\theta_{0i}\sin\theta_{i3} & \cos\theta_{i3} \end{bmatrix} \tag{4-5}$$

万向铰U由铰链AB和BC构成，并且铰链AB和铰链BC的轴线正交。铰链AB与坐标轴 y_{i1} 的夹角为 θ_{i4}（$i=1, 2, 3, 4$），系统坐标系 $P-xyz$ 到单元坐标系 $B_{i5}-xyz$ 的姿态转换矩阵为:

$$R_{i4}=\begin{bmatrix} \cos\theta_{0i}\cos\theta_{i4} & \sin\theta_{0i}\cos\theta_{i4} & -\sin\theta_{i4} \\ -\sin\theta_{0i} & \cos\theta_{0i} & 0 \\ \cos\theta_{0i}\sin\theta_{i4} & \sin\theta_{0i}\sin\theta_{i4} & \cos\theta_{i4} \end{bmatrix} \tag{4-6}$$

铰链 BC 与坐标轴 x_{i1} 的夹角为 θ_{i5}（$i=1, 2, 3, 4$），系统坐标系 $P-xyz$ 到单元坐标系的姿态转换矩阵为：

$$\boldsymbol{R}_{i5}=\begin{bmatrix}\cos\theta_{0i}\cos\theta_{i5} & \sin\theta_{0i}\cos\theta_{i5} & -\sin\theta_{i5}\\ -\sin\theta_{0i} & \cos\theta_{0i} & 0\\ \cos\theta_{0i}\sin\theta_{i5} & \sin\theta_{0i}\sin\theta_{i5} & \cos\theta_{i5}\end{bmatrix} \tag{4-7}$$

如图 4－6 所示，坐标轴 px 与 PB_i（$i=1, 2, 3, 4$）的夹角为 θ_{0i}（$i=1, 2, 3, 4$）。式（4－7）中，$\theta_{01}=0°$，$\theta_{02}=90°$，$\theta_{03}=180°$，$\theta_{04}=270°$。

局部坐标系 $B_i-x_{i1}y_{i1}z_{i1}$ 到单元坐标系 $B_{i1}-xyz$ 的姿态变换矩阵为 T'_{i1}（$i=1, 2, 3, 4$）：

$$\boldsymbol{T}'_{i1}=\begin{bmatrix}1 & 0 & 0\\ 0 & \cos\theta_{i1} & \sin\theta_{i1}\\ 0 & -\sin\theta_{i1} & \cos\theta_{i1}\end{bmatrix} \tag{4-8}$$

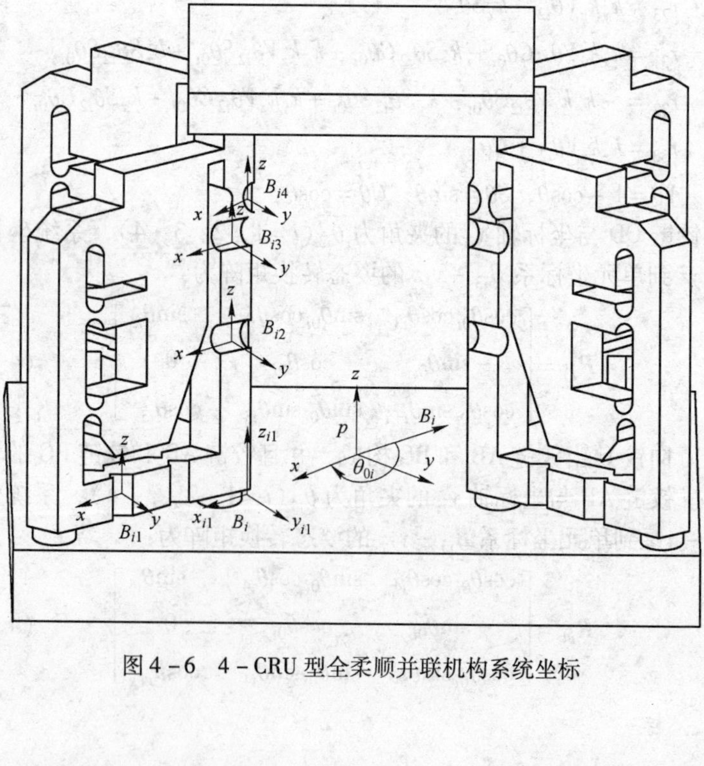

图 4－6 4－CRU 型全柔顺并联机构系统坐标

局部坐标系 $B_i - x_{i1}y_{i1}z_{i1}$ 到单元坐标系 $B_{i2} - xyz$ 的姿态变换矩阵为 T'_{i2}（$i=1, 2, 3, 4$）：

$$\boldsymbol{T}'_{i2} = \begin{bmatrix} k_x k_x V\theta_{i2} + C\theta_{i2} & k_x k_y V\theta_{i2} - k_z S\theta_{i2} & k_x k_z V\theta_{i2} + k_y S\theta_{i2} \\ k_x k_y V\theta_{i2} + k_z S\theta_{i2} & k_y k_y V\theta_{i2} + C\theta_{i2} & k_y k_z V\theta_{i2} - k_x S\theta_{i2} \\ k_x k_z V\theta_{i2} - k_y S\theta_{i2} & k_y k_z V\theta_{i2} + k_x S\theta_{i2} & k_z k_z V\theta_{i2} + C\theta_{i2} \end{bmatrix} \tag{4-9}$$

局部坐标系 $B_i - x_{i1}y_{i1}z_{i1}$ 到单元坐标系 $B_{i3} - xyz$ 的姿态变换矩阵为 T'_{i3}（$i=1, 2, 3, 4$）：

$$\boldsymbol{T}'_{i3} = \begin{bmatrix} \cos\theta_{i3} & 0 & \sin\theta_{i3} \\ 0 & 1 & 0 \\ -\sin\theta_{i3} & 0 & \cos\theta_{i3} \end{bmatrix} \tag{4-10}$$

局部坐标系 $B_i - x_{i1}y_{i1}z_{i1}$ 到单元坐标系 $B_{i4} - xyz$ 的姿态变换矩阵 T'_{i4}（$i=1, 2, 3, 4$）：

$$\boldsymbol{T}'_{i4} = \begin{bmatrix} \cos\theta_{i4} & 0 & \sin\theta_{i4} \\ 0 & 1 & 0 \\ -\sin\theta_{i4} & 0 & \cos\theta_{i4} \end{bmatrix} \tag{4-11}$$

局部坐标系 $B_i - x_{i1}y_{i1}z_{i1}$ 到单元坐标系 $B_{i5} - xyz$ 的姿态变换矩阵 T'_{i5}（$i=1, 2, 3, 4$）为：

$$\boldsymbol{T}'_{i5} = \begin{bmatrix} \cos\theta_{i5} & 0 & \sin\theta_{i5} \\ 0 & 1 & 0 \\ -\sin\theta_{i5} & 0 & \cos\theta_{i5} \end{bmatrix} \tag{4-12}$$

系统坐标系 $P - xyz$ 到局部坐标系 $B_i - x_{i1}y_{i1}z_{i1}$（设坐标轴 bx 与 BB_i 的夹角为 θ_{0i}）的姿态变换矩阵 T_i（$i=1, 2, 3, 4$）为：

$$\boldsymbol{T}_i = \begin{bmatrix} \cos\theta_{0i} & -\sin\theta_{0i} & 0 \\ \sin\theta_{0i} & \cos\theta_{0i} & 0 \\ 0 & 0 & 1 \end{bmatrix} \tag{4-13}$$

单元铰链 DE 中的单元广义坐标和系统广义坐标之间的转换关系为：

$$\begin{bmatrix} 0 \\ 0 \\ 0 \\ \delta_1 \\ \delta_2 \\ \delta_3 \end{bmatrix} = \boldsymbol{B}_{i1}\boldsymbol{U}_{i1} = \begin{bmatrix} \boldsymbol{R}_{i1} & 0 \\ 0 & \boldsymbol{R}_{i1} \end{bmatrix} \begin{bmatrix} 0 \\ 0 \\ 0 \\ u_1 \\ u_2 \\ u_3 \end{bmatrix} \tag{4-14}$$

对于单元铰链 BC、CD、DE、EF 组成的移动副 P 的单元广义坐标和系统广义坐标之间的转换关系为：

$$\begin{bmatrix} \delta_4 \\ \delta_5 \\ \delta_6 \\ 1 \\ \delta_7 \\ \delta_8 \\ \delta_9 \\ 1 \end{bmatrix} = \boldsymbol{B}_{i2}\boldsymbol{U}_{i2} = \begin{bmatrix} \boldsymbol{T}_{i2} & 0 \\ 0 & \boldsymbol{T}_{i2} \end{bmatrix} \begin{bmatrix} u_4 \\ u_5 \\ u_6 \\ 1 \\ u_7 \\ u_8 \\ u_9 \\ 1 \end{bmatrix} \tag{4-15}$$

单元铰链 CD 中的单元广义坐标和系统广义坐标之间的转换关系为：

$$\begin{bmatrix} \delta_{10} \\ \delta_{11} \\ \delta_{12} \\ 0 \\ 0 \\ 0 \end{bmatrix} = \boldsymbol{B}_{i3}\boldsymbol{U}_{i3} = \begin{bmatrix} \boldsymbol{R}_{i3} & 0 \\ 0 & \boldsymbol{R}_{i3} \end{bmatrix} \begin{bmatrix} u_{10} \\ u_{11} \\ u_{12} \\ 0 \\ 0 \\ 0 \end{bmatrix} \tag{4-16}$$

单元铰链 AB 中的单元广义坐标和系统广义坐标之间的转换关系为：

$$\begin{bmatrix}\delta_{13}\\ \delta_{14}\\ \delta_{15}\\ \delta_{16}\\ \delta_{17}\\ \delta_{18}\end{bmatrix}=\boldsymbol{B}_{i4}\boldsymbol{U}_{i4}=\begin{bmatrix}\boldsymbol{R}_{i4} & 0\\ 0 & \boldsymbol{R}_{i4}\end{bmatrix}\begin{bmatrix}u_{13}\\ u_{14}\\ u_{15}\\ u_{16}\\ u_{17}\\ u_{18}\end{bmatrix} \tag{4-17}$$

单元铰链BC中的单元广义坐标和系统广义坐标之间的转换关系为:

$$\begin{bmatrix}\delta_{19}\\ \delta_{20}\\ \delta_{21}\\ \delta_{22}\\ \delta_{23}\\ \delta_{24}\end{bmatrix}=\boldsymbol{B}_{i5}\boldsymbol{U}_{i5}=\begin{bmatrix}\boldsymbol{R}_{i5} & 0\\ 0 & \boldsymbol{R}_{i5}\end{bmatrix}\begin{bmatrix}u_{16}\\ u_{17}\\ u_{18}\\ u_{10}\\ u_{11}\\ u_{12}\end{bmatrix} \tag{4-18}$$

由式(4-14)~式(4-18),经过矩阵转化可以得到各铰链系统坐标下的动力学方程为:

$$\boldsymbol{M}^{ij}\ddot{\boldsymbol{U}}_{ij}+\boldsymbol{K}^{ij}\boldsymbol{U}_{ij}=\boldsymbol{F}_{\mathrm{e}}^{ij} \tag{4-19}$$

式中,$\boldsymbol{M}^{ij}=\boldsymbol{M}_{\mathrm{e}}^{ij}\boldsymbol{B}_{ij}$,$K^{ij}=\boldsymbol{K}_{\mathrm{e}}^{ij}\boldsymbol{B}_{ij}$。

将各个铰链和划分区域的动力学方程经过装配可以得到支链Ⅰ在系统坐标下的动力学方程形式,即4-CRU型全柔顺并联机构支链Ⅰ的动力学方程为

$$\boldsymbol{M}^{i}\ddot{\boldsymbol{U}}_{i}+\boldsymbol{K}^{i}\boldsymbol{U}_{i}=\boldsymbol{F}^{i} \tag{4-20}$$

式中 $\boldsymbol{U}_i$——支链Ⅰ的结点系统坐标,且$\boldsymbol{U}_i=(u_{i1},u_{i2},\cdots u_{i18})$;

$\boldsymbol{M}^i$——支链Ⅰ的质量矩阵;

$\boldsymbol{K}^i$——支链Ⅰ的刚度矩阵(包含支链的各个划分区域),$\boldsymbol{K}^i=\sum_{j=1}^{7}\boldsymbol{K}_{\mathrm{e}}^{ij}$;

$\boldsymbol{F}^i$——支链Ⅰ的外加载荷刚度矩阵。

支链Ⅱ、Ⅲ、Ⅳ的动力学方程的推导过程和支链Ⅰ动力学方程的

推导过程类似，可以统一表示为方程式（4-20）的形式。

4.3.2 空间4-CRU型全柔顺并联机构整体刚度分析

4.3.2.1 运动学约束

由于操作任务的需要，一般变形主要来源于柔性铰链，其余连接处的变形可以忽略不计。支链与各个铰链的结点不是独立的，它们是支链6个独立参量的函数，并且满足两铰链的连接件位移一致。根据这个条件，可得出支链运动学约束关系。

如图4-7所示，坐标系 A_1-xyz 相对于系统坐标系 $B-xyz$ 的变换矩阵为 ${}_{A_1}^{B}\boldsymbol{R}$，点 A_1 在系统坐标系 $B-xyz$ 下的坐标为 $(x_{A_1}, y_{A_1}, z_{A_1})^{\mathrm{T}}$ 时，则变换矩阵 ${}_{A_1}^{B}\boldsymbol{R}$ 可以表示为下式：

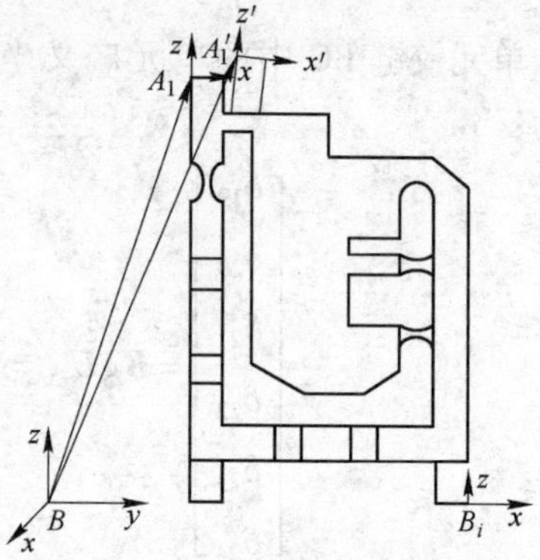

图4-7 A_1与支链的约束关系

$${}_{A_1}^{B}\boldsymbol{R}=\begin{bmatrix}\cos\alpha\cos\beta & \cos\alpha\sin\beta\sin\gamma-\sin\alpha\cos\gamma & \cos\alpha\sin\beta\cos\gamma+\sin\alpha\cos\gamma & x_A\\ \sin\alpha\cos\beta & \sin\alpha\sin\beta\sin\gamma+\cos\alpha\cos\gamma & \sin\alpha\sin\beta\cos\gamma-\cos\alpha\sin\gamma & y_A\\ -\sin\beta & \cos\beta\sin\gamma & \cos\beta\cos\gamma & z_A\\ 0 & 0 & 0 & 1\end{bmatrix}$$

(4-21)

A_1 的运动姿态位置发生微小变动（即 $\delta\alpha$，$\delta\beta$，$\delta\gamma$，δx_{A_1}，δy_{A_1}，δz_{A_1}），由坐标系 $A'_1-x'y'z'$ 到坐标系 A_1-xyz 的变换矩阵为 $\Delta\boldsymbol{R}$，其近似表达式为：

$$\Delta\boldsymbol{R}=\begin{bmatrix}1 & -\delta\alpha & \delta\beta & \delta x_A\\ \delta\alpha & 1 & -\delta\gamma & \delta y_A\\ -\delta\beta & \delta\gamma & 1 & \delta z_A\\ 0 & 0 & 0 & 1\end{bmatrix} \tag{4-22}$$

由坐标系 $A'_1-x'y'z'$ 到坐标系 B_1-xyz 的变换矩阵 $\boldsymbol{T}_1$ 为：

$$\boldsymbol{T}_1 = {}^{B}_{A'_1}\boldsymbol{RT} = \Delta\boldsymbol{R}^{B}_{A_1}\boldsymbol{RR}(\boldsymbol{\Phi}) \tag{4-23}$$

式中，$\boldsymbol{\Phi}$ 为不同值，$i=1$ 时，$\boldsymbol{\Phi}=0$；$i=2$ 时，$\boldsymbol{\Phi}=90°$；$i=3$ 时，$\boldsymbol{\Phi}=180°$；$i=4$ 时，$\boldsymbol{\Phi}=270°$。且有图 4 - 7 中的点 A_1 和 A'_1 在坐标系 B_1-xyz 下的坐标分别为$(x_{A_1}, y_{A_1}, z_{A_1})^{\mathrm{T}}$和 $(x_{A'_1}, y_{A'_1}, z_{A'_1})^{\mathrm{T}}$，$\begin{pmatrix} x_{A'_1} \\ y_{A'_1} \\ z_{A'_1} \\ 1 \end{pmatrix}_{A'} = \begin{pmatrix} x_{A_1} \\ y_{A_1} \\ z_{A_1} \\ 1 \end{pmatrix}_{A}$，则有：

$$\begin{pmatrix} \Delta x_{A_1} \\ \Delta y_{A_1} \\ \Delta z_{A_1} \end{pmatrix} = \begin{bmatrix} 1 & 0 & 0 & 0 & z_{A_1} & -y_{A_1} \\ 0 & 1 & 0 & -z_{A_1} & 0 & x_{A_1} \\ 0 & 0 & 1 & y_{A_1} & -x_{A_1} & 0 \end{bmatrix} \begin{pmatrix} \delta x_{A_1} \\ \delta y_{A_1} \\ \delta z_{A_1} \\ \delta\gamma \\ \delta\beta \\ \delta\alpha \end{pmatrix} \tag{4-24}$$

根据式(4 - 24)可得由 $\boldsymbol{U}_{A_1}$ 和 U_{B_1} 表示的 A 与支链之间的运动学约束条件为：

$$\boldsymbol{U}_{A1} = \begin{bmatrix} 1 & 0 & 0 & 0 & z_{A_1} & -y_{A_1} \\ 0 & 1 & 0 & -z_{A_1} & 0 & x_{A_1} \\ 0 & 0 & 1 & y_{A_1} & -x_{A} & 0 \end{bmatrix} U_{B_1}$$

或简记为：

$$\boldsymbol{U}_{A_i} = \boldsymbol{J}_i \boldsymbol{U}_{B_i} \quad i=1,2,3 \tag{4-25}$$

式中　$\boldsymbol{U}_{A_i}$——支链 I 中 A_i（$i=1, 2, 3, 4$）点的弹性位移矢量；

$\boldsymbol{U}_{B_i}$——各支链弹性变形引起的动平台的位移改变量；

$\boldsymbol{J}_i$——系统运动学约束条件矩阵。

4.3.2.2 支链刚度分析

取系统的广义坐标 $\boldsymbol{U}_i^* = [u_{i1}, u_{i2}, \cdots, u_{i14}, u_{i15}, u_1, u_2, \cdots, u_6]^{\mathrm{T}}$，则由系统的动力学约束方程式（4 - 25）可以得到

$$\boldsymbol{U}_i = \boldsymbol{R}_i \boldsymbol{U}_i^* \tag{4-26}$$

式中

$$U_i = [u_{i1}, u_{i2}, \dots, u_{i18}]$$

$$R_i = \begin{bmatrix} [I]_{12\times12} & 0 & 0 \\ 0 & 0 & [J]_{3\times6} \\ 0 & [I]_{3\times3} & 0 \end{bmatrix}_{18\times21}$$

把式（4－26）代入式（4－20），得

$$M^1 R_i \ddot{U}_i^* + K^i R_i U_i^* = F^i \tag{4-27}$$

左乘矩阵 R_1^T，得

$$R_i^T M^1 R_i \ddot{U}_i^* + R_i^T K^i R_i U_{B_1} = R_1^T F^i \tag{4-28}$$

令 $M = R_1^T M^1 B_0 R_1$，$K_i = R_1^T K^i B_0 R_1$，$F = R_1^T F^i$，则式（4－28）可变形为：

$$M \ddot{U}_i^* + K U_i^* = F \tag{4-29}$$

将式（4－28）中的 K 分解为如下形式

$$K_i = \begin{bmatrix} [K_i^{11}]_{15\times15} & [K_i^{12}]_{15\times6} \\ [K_i^{21}]_{6\times15} & [K_i^{22}]_{6\times6} \end{bmatrix}_{21\times21} \tag{4-30}$$

4.3.2.3　4－CRU型全柔顺并联机构整体刚度分析

把各个支链的动力学方程式（4－20）装配到一起，形成系统的无阻尼弹性动力学方程：

$$M \ddot{U} + KU = F \tag{4-31}$$

其中

$$K = \begin{bmatrix} K_1^{11} & 0 & 0 & 0 & K_1^{12} \\ 0 & K_2^{11} & 0 & 0 & K_2^{12} \\ 0 & 0 & K_3^{11} & 0 & K_3^{12} \\ 0 & 0 & 0 & K_4^{11} & K_4^{12} \\ K_1^{21} & K_2^{21} & K_3^{21} & K_4^{21} & \sum_{i=1}^{4} K_i^{22} \end{bmatrix}_{51\times51}$$

式中　U——系统广义坐标列阵；

M——系统的总质量矩阵；

K——系统的总刚度矩阵；

$\boldsymbol{F}$——系统广义力列阵。

4.4　空间 4 - CRU 型全柔顺并联机构刚度与弹性变形

对动平台的几何中心施加一个外载荷 $F=[-500,\ -800,\ -1000]^{\mathrm{T}}$，动平台中心处的变形为：

$$\begin{bmatrix} \mathrm{d}x_0 \\ \mathrm{d}y_0 \\ \mathrm{d}z_0 \\ \mathrm{d}\varphi_z \end{bmatrix} = \boldsymbol{K}^{-1}\begin{bmatrix} \boldsymbol{F} \\ \boldsymbol{T} \end{bmatrix} \tag{4-32}$$

计算得出动平台的应变为：

$$\begin{bmatrix} \mathrm{d}x_0 \\ \mathrm{d}y_0 \\ \mathrm{d}z_0 \\ \mathrm{d}\varphi_z \end{bmatrix} = \begin{bmatrix} -1.461\times 10^{3} \\ -5.658\times 10^{-3} \\ -9.976\times 10^{-3} \\ -1.693\times 10^{-5} \end{bmatrix}$$

式中，x，y，z 方向的位移的单位为 μm；角度的单位为 μrad。

4.5　空间 4 - CRU 型全柔顺并联机构动平台应变仿真

全柔顺并联机构作为精密定位平台的主要构件，对其刚度的分析是研究精密定位平台精度的必要手段。对全柔顺并联机构静刚度进行分析可借助有限元分析法这一工具，利用 ANSYS 软件在结构力学、结构动力学等领域的强大功能，可以实现对静刚度分析的目的。

通过 SolidWorks 及 ANSYS 软件对上述 4 - CRU 型全柔顺并联机构进行建模仿真分析。首先应用 SolidWorks 软件建立机构的立体模型，然后将模型导入 ANSYS 软件中进行仿真分析。

在 ANSYS 软件仿真过程中，采用 Solid95 单元作为结构实体单元，设置网格尺寸为 0.01 划分网格，机构的材料选用 65Mn（弹簧钢），其弹性模量为 207GPa，泊松比为 0.3，密度为 7850kg/m³。

将 4 - CRU 型全柔顺并联机构的三维模型导入 ANSYS 后，对模型进行前处理，步骤为：定义机构材料属性、单元类型、网格划分。在施加约束时，定机构固定基座自由度为 0，外载荷施加在机构运动平台中心位置，即 x 轴、y 轴、z 轴方向分别施加 500N、800N、1000N 的外力。4-CRU 型全柔顺并联机构网格划分如图 4-8 所示。

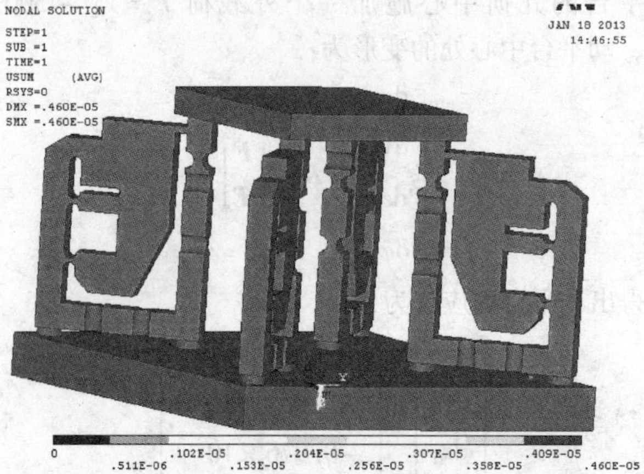

图 4-8　4-CRU 型全柔顺并联机构网格划分

对 4-CRU 型全柔顺并联机构的 ANSYS 模型进行计算和后处理，得到全柔顺并联机构结构总位移图和应变分布云图，分别如图4-9～图 4-13 所示。

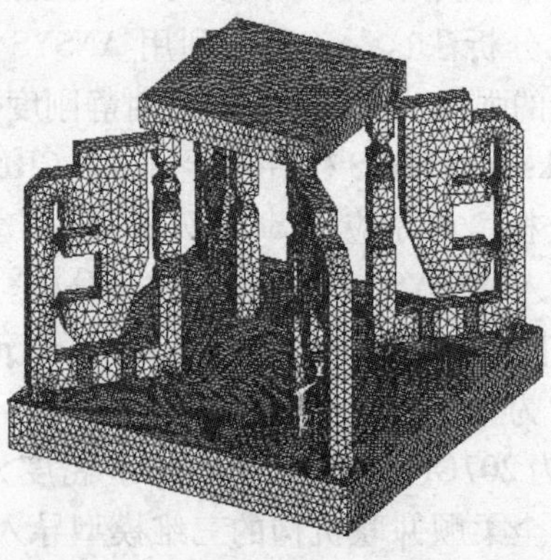

图 4-9　4-CRU 型全柔顺并联机构位移图

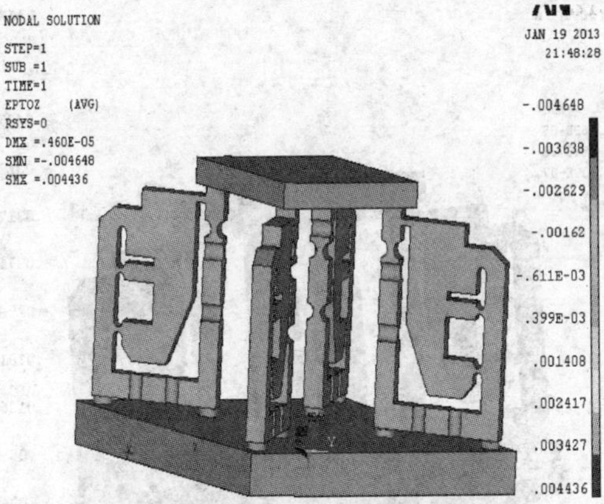

图4-10 4-CRU型全柔顺并联机构 x 轴方向的应变云图

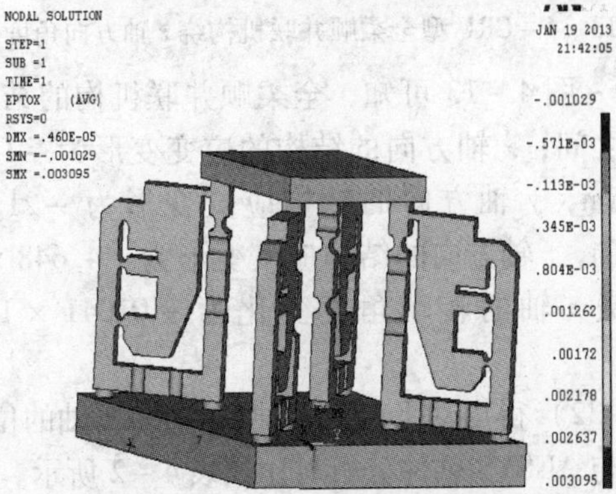

图4-11 4-CRU型全柔顺并联机构 y 轴方向的应变云图

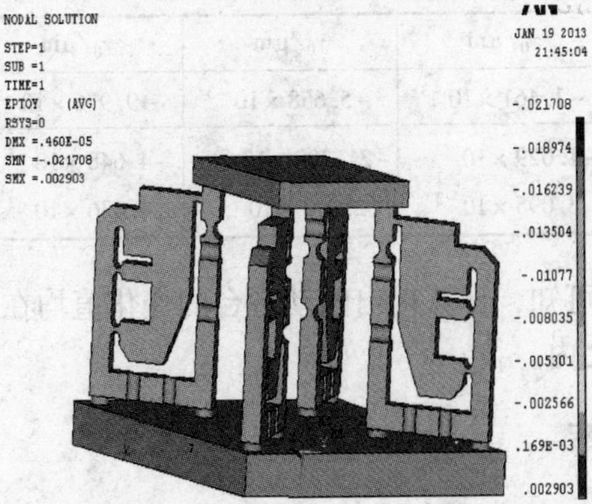

图4-12 4-CRU全柔顺并联机构 z 轴方向的应变云图

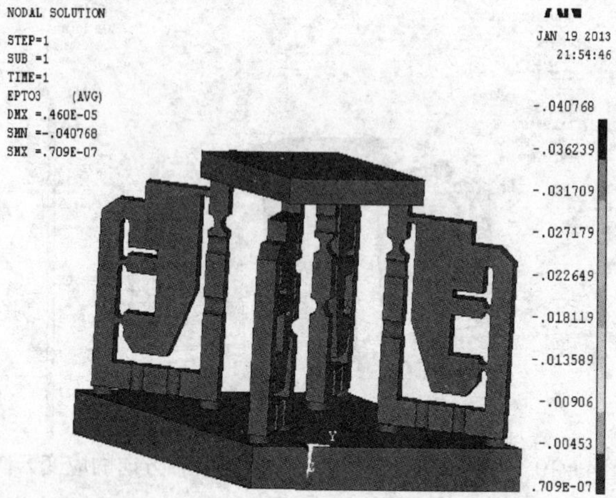

图4－13　4－CRU型全柔顺并联机构绕 z 轴方向角度的变化

由图4－9～图4－13可知，全柔顺并联机构的结构总位移变化在0～4.6μm之间；x 轴方向的结构的应变变形为 -1.029×10^{-3} ～ 3.095×10^{-3} μm，y 轴方向的结构应变变形为 -21.708×10^{-3} ～ 2.903×10^{-3} μm，z 轴方向的结构应变变形为 -4.648×10^{-3} ～ 4.436×10^{-3} μm，绕 z 轴的转动角度变化为 -0.041×10^{-3} ～ 0.71×10^{-3} μrad。

由式（4－32）得出动平台沿 x 轴、y 轴和 z 轴的位移以及绕 z 轴的转动角度，与ANSYS软件分析对比如表4－2所示。

表4－2　位移及角度改变量理论计算与仿真结果对比

位移及角度变化	x_0/μm	y_0/μm	z_0/μm	φ_z/μrad
计算值	-1.461×10^{-3}	-5.658×10^{-3}	-9.976×10^{-3}	-1.693×10^{-5}
ANSYS仿真结果	-1.029×10^{-3} ～ 3.095×10^{-3}	-21.708×10^{-3} ～ 2.903×10^{-3}	-4.648×10^{-3} ～ 4.436×10^{-3}	-0.041×10^{-3} ～ 0.71×10^{-3}

由表4－2可知，计算得出的动平台的变化值均在ANSYS软件仿真结果的范围之内。

4.6　本章小结

本章给定4－CRU型空间三平移一转动对称并联机构，并以此为原型，按照全柔顺精密定位平台的设计方法及原则，设计出4-CRU型全柔顺并联机构。

（1）根据动力学方程求全柔顺并联机构的刚度。首先根据单元动力学方程、单元刚度矩阵、单元铰链刚度矩阵、坐标变换等理论，得出支链的刚度；其次，经过装配等过程得出4-CRU型机构的整体刚度；最后，利用虚功原理和代入参数得出全柔顺并联机构在x方向、y方向、z方向和绕z轴的转角的具体数值。

（2）验证所计算的数值的正确性。用SolidWorks软件建立4-CRU型全柔顺并联机构模型，应用ANSYS软件对其进行仿真，得出机构在施加载荷下所产生的应变，即全柔顺并联机构在x轴、y轴、z轴方向的应变和绕z轴转角的数值区间。

（3）将计算数值和ANSYS仿真得出的数值进行对比，得出计算的数值和仿真得出的数值具有相同的数量级，并且计算的结果处于仿真结果的区间内，说明所设计求解刚度的方法是正确的。

5 空间 2RPU－2SPS 型全柔顺并联机构

2RPU－2SPS 型并联机构是由 RPU 型支链和 SPS 型支链组成的非对称结构，是具有 2 个转动和 2 个平移运动特性的并联机构。本章基于 2RPU－2SPS 并联机构的运动特性，采用替换法设计出与之对应的全柔顺并联机构。根据动力学方程求出全柔顺并联机构的整体刚度，并应用 ANSYS 软件验证这种分析方法的正确性，为精密定位平台的设计提供基础。

5.1 空间 2RPU－2SPS 型并联机构

5.1.1 空间 2RPU－2SPS 型并联机构构型

2RPU－2SPS 型并联机构是非对称的 4 自由度并联机构。它是由 2 条 RPU 型和 2 条 SPS 型支链构成的（如图 5－1 所示），并且相同的支链相邻地组装在基座上。RPS 型支链由转动副（R）、移动副（P）和虎克铰（U）组成，且具有 $^{w}R\perp{}^{v}P\perp{}^{wu}\mathbf{U}$ 的几何关系，其中 U 副由两个转动副（即 ^{w}R 和 ^{u}R）组成。SPS 型支链由两个球副（S）和一个移动副（P）组成，S 由 3 个 R 副（即 ^{u}R, ^{v}R, ^{w}R）组成。

图 5－1 2RPU－2SPS 型并联机构

5.1.2 空间 2RPU－2SPS 型并联机构运动特性分析

如图 5－2 所示，在动平台上建立基础坐标 $B-xyz$，x 轴和 y 轴在动平台内，z 轴垂直于动平台。在定平台上建立支链 RPU 的坐标系 $B_1-x_1y_1z_1$，其中 z_1 垂直于定平台，x_1 轴与转动副 R 的轴线平行。同时建立支链 SPS 的坐标系 $B_2-x_2y_2z_2$，它的 x_2 轴、y_2 轴和 z_2 轴分别和基座上组成 S 副的 3 个 R（R_1、R_2、R_3）副的轴线同轴，即 x_2 轴与 R_1 副同轴，y_2 轴与 R_2 副同轴，z_2 轴与 R_3 副同轴。

在 RPU 型支链上，U 由两个正交 R 副组成，支链运动螺旋系可表示为：

$$\begin{cases} \$_{11}=(1,\ 0,\ 0;\ 0,\ 0,\ 0) \\ \$_{12}=(0,\ 0,\ 0;\ 0,\ l,\ m) \\ \$_{13}=(1,\ 0,\ 0;\ 0,\ q_{i3},\ r_{i3}) \\ \$_{14}=\left(0,\ -\dfrac{m}{l},\ 1;\ p_{i4},\ q_{i4},\ r_{i4}\right) \end{cases} \tag{5-1}$$

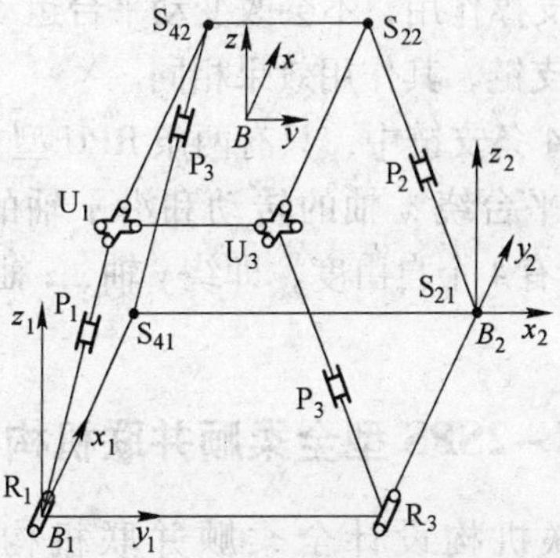

图 5－2　2RPU－2SPS 型并联机构结构简图

根据式（5－1）确定该支链的运动反螺旋为：

$$\begin{cases} \$_1^r=(1,\ 0,\ 0;\ 0,\ 0,\ 0) \\ \$_2^r=\left(0,\ 0,\ 0;\ 0,\ \dfrac{l}{m},\ 1\right) \end{cases} \tag{5-2}$$

由分析得出，该支链提供一个约束力偶和一个约束力，约束了支链的一个轴线在 yBz 平面内转动和一个沿 x 轴移动。由于机构具有两个相同的RPU型支链，且具有相同的位置，所以这两条支链对动平台的约束一样，并且所有的约束力偶相互平行和力线矢共轴。

在SPS型支链上，球面副S可表示为3个相互正交的转动副R所组成，支链的运动螺旋系表示为：

$$\begin{cases} \$_{31} = (1,\ 0,\ 0;\ 0,\ 0,\ 0) \\ \$_{32} = (0,\ 1,\ 0;\ 0,\ 0,\ 0) \\ \$_{33} = (0,\ 0,\ 1;\ 0,\ 0,\ 0) \\ \$_{34} = (0,\ 0,\ 0;\ 0,\ \alpha_4,\ \beta_4) \\ \$_{35} = (1,\ 0,\ 0;\ 0,\ \alpha_5,\ \beta_5) \\ \$_{36} = (0,\ 1,\ 0;\ \alpha_6,\ 0,\ \beta_6) \\ \$_{37} = (0,\ 0,\ 1;\ \alpha_7,\ \beta_7,\ 0) \end{cases} \tag{5-3}$$

其运动的反螺旋为：

$$\$_1^r = (0,\ 0,\ 0;\ 0,\ 0,\ 0) \tag{5-4}$$

SPS型支链反螺旋系表明，支链SPS对动平台不提供约束，为无约束支链，只起到支撑作用，不会改变动平台运动特性。因机构具有两条相同的SPS型支链，其作用效果相同。

综上所述，在4条支链中，只有两条RPU型支链对动平台提供2个约束，限制了动平台绕 x 轴的转动和沿 y 轴的移动。故2RPU－2SPS型并联机构具有4个自由度，即绕 y 轴、z 轴的转动和沿 x 轴、z 轴的移动。

5.2 空间2RPU－2SPS型全柔顺并联机构构型设计

根据柔性并联机构设计全柔顺并联机构时，应注意两点：(1) 主要几何尺寸设定一致，便于比较刚度；(2) 设定相同的约束及载荷。

在2RPU－2SPS型柔顺并联机构的基础上设计与之相对应的2RPU－2SPS型全柔顺并联机构。首先设计相应的RPU型和SPS型全柔顺支链。全柔顺支链是在选定合适的一整块材料上通过先进切割技术分别切割出各个相应的柔性铰链和柔性连杆，如图5－3所示，在选定材料上通过先进切割技术按要求切割出一个柔性虎克铰U、一个柔性移动副P、一个柔性转动副R，从而形成RPU型全柔顺支链，如图5-3（a）所示。SPS型柔性支链是在选定材料上按要求切割出两个柔性球副S和一个柔性移动副P，如图5-3（b）所示。按照2RPU-2SPS柔性并联机构的安装的几何特点安装2RPU-2SPS型全柔顺并联机构，如图5-3（c）所示。

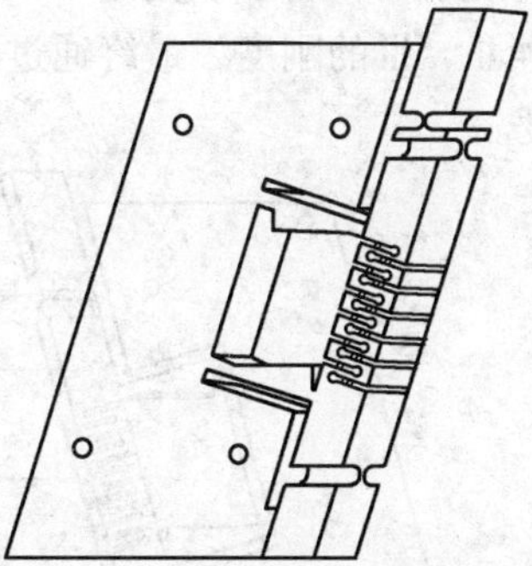

(a)

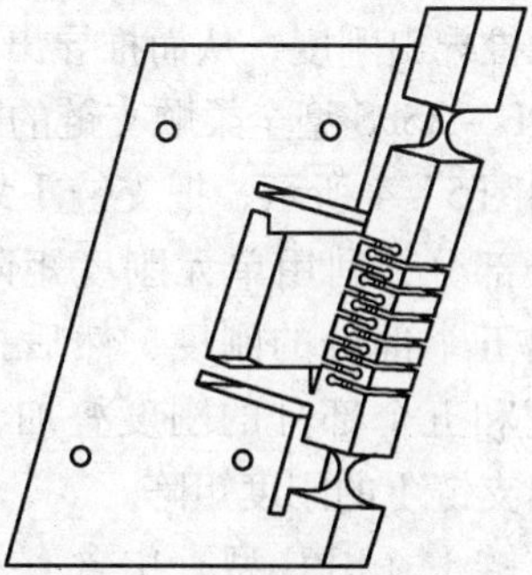

(b)

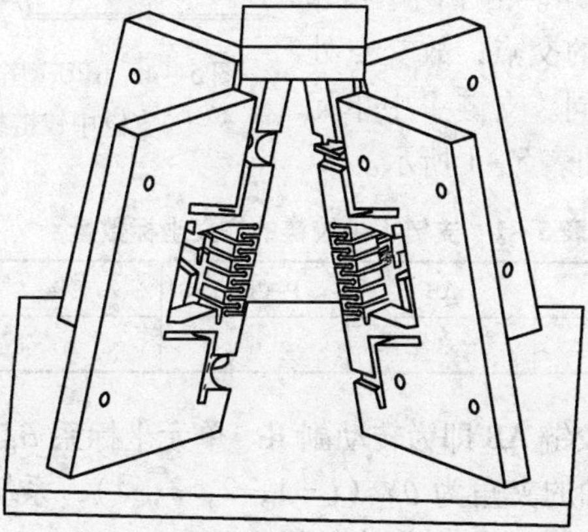

(c)

图5-3 2RPU-2SPS型全柔顺并联机构构型示意图

（a）RPU型全柔顺并联支链；（b）SPS型全柔顺并联支链

（c）2RPU-2SPS型全柔顺并联机构

5.3 空间 2RPU－2SPS 型全柔顺并联机构刚度分析

5.3.1 基于动力学模型的 RPU 型全柔顺并联机构支链刚度分析

2RPU－2SPS 型全柔顺并联机构包含四个支链，分别记为支链Ⅰ、Ⅱ、Ⅲ和Ⅳ。因为支链Ⅰ和支链Ⅱ是 RPU 型，具有相同的结构；支链Ⅲ和支链Ⅳ是 SPS 型，具有相同的结构，所以以支链Ⅰ和Ⅳ为研究对象推导出刚度，从而推导出支链Ⅱ、Ⅲ的刚度，最终通过整合得出 2RPU－2SPS 型全柔顺支链的刚度。

如图 5－4 所示，把支链Ⅰ划分为五个部分，利用单元刚度矩阵分别得出五个部分的刚度，然后把铰链刚度和五个部分的刚度叠加，从而得出支链Ⅰ的刚度矩阵。

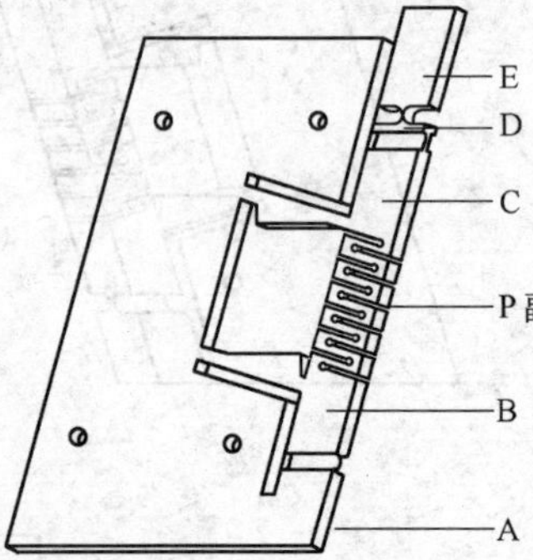

图 5－4　RPU 型全柔顺并联支链中铰链标注

支链Ⅰ（RPU 型）中含有 4 个铰链，分别记为 AB、BC、CD 和 DE，如图 5－4 所示。由于两个相邻的铰链具有公共的交点，故交点处的位移改变量相同。支链Ⅰ中单元广义坐标的数量如表 5－1 所示。

表 5－1　支链Ⅰ中铰链的广义坐标数量

铰链代号	AB	P（BC）	CD	DE
单元广义坐标数量	3	6	6	6

支链Ⅰ中，铰链 AB 即为转动副 R。单元坐标系 $B_{i1}-xyz$ 的 x 轴与局部坐标系 z 轴的夹角为 θ_{i1}（$i=1,2,3,4$），系统坐标系 $P-xyz$ 到单元坐标系 $B_{i1}-xyz$ 的姿态转换矩阵为：

$$\boldsymbol{R}_{i1}=\begin{bmatrix} 0 & 0 & -1 \\ \sin\theta_{i1}\cos\theta_{0i}+\cos\theta_{i1}\sin\theta_{0i} & \cos\theta_{i1}\cos\theta_{0i}-\sin\theta_{i1}\sin\theta_{0i} & 0 \\ \cos\theta_{i1}\cos\theta_{0i}-\sin\theta_{i1}\sin\theta_{0i} & -\cos\theta_{i1}\sin\theta_{0i}-\sin\theta_{i1}\cos\theta_{0i} & 0 \end{bmatrix} \tag{5-5}$$

移动副 P 的运动位移矢量 $\boldsymbol{k}_1=(\boldsymbol{k}_{x1},\boldsymbol{k}_{y1},\boldsymbol{k}_{z1})^{\mathrm{T}}$ 上建立的单元坐标系 $B_{i2}-xyz$ 与系统坐标系 $P-xyz$ 姿态之间的转换矩阵为：

$$\boldsymbol{T}_{i2}=\begin{bmatrix}0 & 0 & -1 & k_{x1}\\ \sin\theta_{i2}\cos\theta_{0i}+\cos\theta_{i2}\sin\theta_{0i} & \cos\theta_{i2}\cos\theta_{0i}-\sin\theta_{i2}\sin\theta_{0i} & 0 & k_{y1}\\ \cos\theta_{i2}\cos\theta_{0i}-\sin\theta_{i2}\sin\theta_{0i} & -\cos\theta_{i2}\sin\theta_{0i}-\sin\theta_{i2}\cos\theta_{0i} & 0 & k_{z1}\\ 0 & 0 & 0 & 1\end{bmatrix} \tag{5-6}$$

式中，θ_{i2}（$i=1,2$）为从单元坐标系 $B_{i2}-xyz$ 到局部坐标系 $B_i-x_iy_iz_i$ 的旋转角度。

万向铰 U 由铰链 CD 和铰链 DE 构成，并且铰链 CD 和铰链 DE 的轴线正交。铰链 CD 与铰链 AB 轴线平行，其单元坐标系 $B_{i3}-xyz$ 的 x 轴与局部坐标系 z 轴的夹角为 θ_{i3}（$i=1,2,3,4$），系统坐标系 $P-xyz$ 到单元坐标系 $B_{i3}-xyz$ 的姿态转换矩阵为：

$$\boldsymbol{R}_{i3}=\begin{bmatrix}0 & 0 & -1\\ \sin\theta_{i3}\cos\theta_{0i}+\cos\theta_{i3}\sin\theta_{0i} & \cos\theta_{i3}\cos\theta_{0i}-\sin\theta_{i3}\sin\theta_{0i} & 0\\ \cos\theta_{i3}\cos\theta_{0i}-\sin\theta_{i3}\sin\theta_{0i} & -\cos\theta_{i3}\sin\theta_{0i}-\sin\theta_{i3}\cos\theta_{0i} & 0\end{bmatrix} \tag{5-7}$$

因为铰链 DE 和铰链 CD 的轴线正交，所以其单元坐标系 $B_{i4}-xyz$ 的 x 轴与局部坐标系 z 轴的夹角为 θ_{i4}（$i=1,2,3,4$），系统坐标系 $P-xyz$ 到单元坐标系 $B_{i4}-xyz$ 的姿态转换矩阵为：

$$\boldsymbol{R}_{i4}=\begin{bmatrix}0 & 0 & -1\\ \cos\theta_{i4}\cos\theta_{0i}-\sin\theta_{i4}\sin\theta_{0i} & -\cos\theta_{i4}\sin\theta_{0i}-\sin\theta_{i4}\cos\theta_{0i} & 0\\ -\sin\theta_{i4}\cos\theta_{0i}-\cos\theta_{i4}\sin\theta_{0i} & \sin\theta_{i4}\sin\theta_{0i}-\cos\theta_{i4}\cos\theta_{0i} & 0\end{bmatrix} \tag{5-8}$$

如图 5－5 所示，坐标轴 Px 与 PB_i（$i=1,2,3,4$）的夹角为 θ_{0i}（$i=1,2$），其中 $\theta_{01}=0°$，$\theta_{02}=90°$。

局部坐标系 $B_i-x_{i1}y_{i1}z_{i1}$ 到单元坐标系 $B_{i1}-xyz$ 的姿态变换矩阵

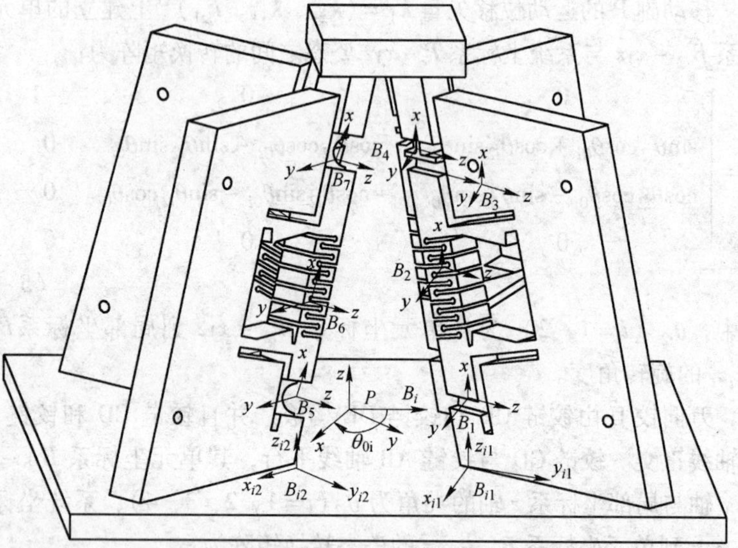

图 5 - 5　2RPU - 2SPS 型全柔顺并联机构支链不同位置坐标系建立

为 $\boldsymbol{T}'_{i1}$（$i=1，2，3，4$）：

$$\boldsymbol{T}'_{i1}=\begin{bmatrix}0 & 0 & -1\\ \sin\theta_{i1} & \cos\theta_{i1} & 0\\ \cos\theta_{i1} & -\sin\theta_{i1} & 0\end{bmatrix} \tag{5-9}$$

局部坐标系 $B_i - x_{i1}y_{i1}z_{i1}$ 到单元坐标系 $B_{i2} - xyz$ 的姿态变换矩阵为 T'_{i2}（$i=1，2，3，4$）：

$$\boldsymbol{T}'_{i2}=\begin{bmatrix}0 & 0 & -1\\ \sin\theta_{i2}\cos\theta_{0i}+\cos\theta_{i2}\sin\theta_{0i} & \cos\theta_{i2}\cos\theta_{0i}-\sin\theta_{i2}\sin\theta_{0i} & 0\\ \cos\theta_{i2}\cos\theta_{0i}-\sin\theta_{i2}\sin\theta_{0i} & -\cos\theta_{i2}\sin\theta_{0i}-\sin\theta_{i2}\cos\theta_{0i} & 0\end{bmatrix}$$
(5 - 10)

局部坐标系 $B_i - x_{i1}y_{i1}z_{i1}$ 到单元坐标系 $B_{i3} - xyz$ 的姿态变换矩阵为 T'_{i3}（$i=1，2，3，4$）：

$$\boldsymbol{T}'_{i3}=\begin{bmatrix}0 & 0 & -1\\ \sin\theta_{i3} & \cos\theta_{i3} & 0\\ \cos\theta_{i3} & -\sin\theta_{i3} & 0\end{bmatrix} \tag{5-11}$$

局部坐标系 $B_i - x_{i1}y_{i1}z_{i1}$ 到单元坐标系 $B_{i4} - xyz$ 的姿态变换矩阵 T'_{i4}（$i=1, 2, 3, 4$）：

$$\boldsymbol{T}'_{i4}=\begin{bmatrix}0 & 0 & -1\\ \cos\theta_{i4} & -\sin\theta_{i4} & 0\\ -\sin\theta_{i4} & -\cos\theta_{i4} & 0\end{bmatrix} \tag{5-12}$$

系统坐标系 $P - xyz$ 到局部坐标系 $B_i - x_{i1}y_{i1}z_{i1}$（设坐标轴 Bx 与 BB_i 的夹角为 θ_{0i}）的姿态变换矩阵 $\boldsymbol{T}_i$（$i=1, 2, 3, 4$）为：

$$\boldsymbol{T}_i=\begin{bmatrix}\cos\theta_{0i} & -\sin\theta_{0i} & 0\\ \sin\theta_{0i} & \cos\theta_{0i} & 0\\ 0 & 0 & 1\end{bmatrix} \tag{5-13}$$

各单元铰链广义坐标和支链系统广义坐标之间的转换表达式分别如下所述。

单元铰链 AB 中的单元广义坐标和系统广义坐标之间的转换关系为：

$$\begin{bmatrix}0\\0\\0\\\delta_1\\\delta_2\\\delta_3\end{bmatrix}=\boldsymbol{B}_{i1}\boldsymbol{U}_{i1}=\begin{bmatrix}\boldsymbol{R}_{i1} & 0\\ 0 & \boldsymbol{R}_{i1}\end{bmatrix}\begin{bmatrix}0\\0\\0\\u_1\\u_2\\u_3\end{bmatrix} \tag{5-14}$$

对于移动副 P 的单元广义坐标和系统广义坐标之间的转换关系为：

$$
\begin{bmatrix} \delta_4 \\ \delta_5 \\ \delta_6 \\ 1 \\ \delta_7 \\ \delta_8 \\ \delta_9 \\ 1 \end{bmatrix} = \boldsymbol{B}_{i2}\boldsymbol{U}_{i2} = \begin{bmatrix} \boldsymbol{T}_{i2} & 0 \\ 0 & \boldsymbol{T}_{i2} \end{bmatrix} \begin{bmatrix} u_1 \\ u_2 \\ u_3 \\ 1 \\ u_4 \\ u_5 \\ u_6 \\ 1 \end{bmatrix} \tag{5-15}
$$

单元铰链 CD 中的单元广义坐标和系统广义坐标之间的转换关系为:

$$
\begin{bmatrix} \delta_{10} \\ \delta_{11} \\ \delta_{12} \\ \delta_{13} \\ \delta_{14} \\ \delta_{15} \end{bmatrix} = \boldsymbol{B}_{i3}\boldsymbol{U}_{i3} = \begin{bmatrix} \boldsymbol{R}_{i3} & 0 \\ 0 & \boldsymbol{R}_{i3} \end{bmatrix} \begin{bmatrix} u_4 \\ u_5 \\ u_6 \\ u_7 \\ u_8 \\ u_9 \end{bmatrix} \tag{5-16}
$$

单元铰链 DE 中的单元广义坐标和系统广义坐标之间的转换关系为:

$$
\begin{bmatrix} \delta_{16} \\ \delta_{17} \\ \delta_{18} \\ \delta_{19} \\ \delta_{20} \\ \delta_{21} \end{bmatrix} = \boldsymbol{B}_{i4}\boldsymbol{U}_{i4} = \begin{bmatrix} \boldsymbol{R}_{i4} & 0 \\ 0 & \boldsymbol{R}_{i4} \end{bmatrix} \begin{bmatrix} u_7 \\ u_8 \\ u_9 \\ u_{10} \\ u_{11} \\ u_{12} \end{bmatrix} \tag{5-17}
$$

分别利用式(5-14)~式(5-17)，经过矩阵转化可以得到各铰链系统坐标下的动力学方程为:

$$
\boldsymbol{M}^{ij}\ddot{\boldsymbol{U}}_{ij} + \boldsymbol{K}^{ij}\boldsymbol{U}_{ij} = \boldsymbol{F}_{\mathrm{e}}^{ij} \tag{5-18}
$$

式中，$\boldsymbol{M}^{ij} = \boldsymbol{M}_{\mathrm{e}}^{ij}\boldsymbol{B}_{ij}$；$\boldsymbol{K}^{ij} = \boldsymbol{K}_{\mathrm{e}}^{ij}\boldsymbol{B}_{ij}$。

将各铰链和划分区域的动力学方程经过装配可以得到支链Ⅰ在系统坐标下的2RPU－2SPS型全柔顺并联机构支链Ⅰ的动力学方程，表示为：

$$\boldsymbol{M}^i \ddot{\boldsymbol{U}}_i + \boldsymbol{K}^i \boldsymbol{U}_i = \boldsymbol{F}^i \tag{5-19}$$

式中 $\boldsymbol{U}_i$——支链Ⅰ的结点系统坐标，且 $\boldsymbol{U}_i=(u_{i1}, u_{i2}, \cdots, u_{i12})$；

$\boldsymbol{M}^i$——支链Ⅰ的质量矩阵；

$\boldsymbol{K}^i$——支链Ⅰ的刚度矩阵（包括划分区域的刚度），$\boldsymbol{K}^i=\sum_{j=1}^{7} K_{\mathrm{e}}^{ij}$；

$\boldsymbol{F}^i$——支链Ⅰ的外加载荷刚度矩阵。

支链Ⅱ的动力学方程的推导过程和支链Ⅰ的动力学方程的推导过程类似，可以统一表示为方程式（5－19）的形式。

5.3.2 基于动力学模型的SPS型全柔顺并联机构支链刚度分析

将支链Ⅳ划分为四个部分，利用单元刚度矩阵分别得出四个部分的刚度，然后把铰链刚度和四个部分的刚度叠加，从而得出支链Ⅳ的刚度矩阵。支链Ⅳ（SPS型）中含有3个铰链，分别记为EF、FG（P）和GH，如图5－6所示。

由于两个相邻的铰链具有公共的交点，故交点处的位移改变量相同。支链Ⅳ中单元广义坐标的数量如表5－2所示。

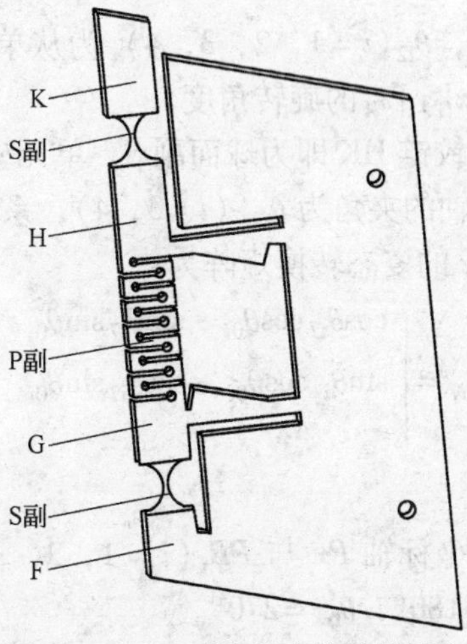

图5－6 SPS型支链中铰链的标注

表5－2 支链Ⅳ中铰链的广义坐标数量

铰链代号	EF	FG（P）	GH
单元广义坐标数量	3	6	6

支链Ⅳ中，铰链 EF 即为球面副 S。单元坐标系 $B_{i5}-xyz$ 的 z 轴与局部坐标系 z 轴的夹角为 θ_{i5}（$i=3$，4），系统坐标系 $P-xyz$ 到单元坐标系$B_{i5}-xyz$ 的姿态转换矩阵为：

$$\boldsymbol{R}_{i5}=\begin{bmatrix}\cos\theta_{i5}\cos\theta_{0i}-\sin\theta_{i5}\sin\theta_{0i} & -\cos\theta_{i5}\sin\theta_{0i}-\sin\theta_{i5}\cos\theta_{0i} & 0\\ \sin\theta_{i5}\cos\theta_{0i}+\cos\theta_{i5}\sin\theta_{0i} & \cos\theta_{i5}\cos\theta_{0i}-\sin\theta_{i5}\sin\theta_{0i} & 0\\ 0 & 0 & 1\end{bmatrix}\tag{5-20}$$

移动副 P 的运动位移矢量 $\boldsymbol{k}_2=(k_{x2}, k_{y2}, k_{z2})^{\mathrm{T}}$ 上建立的单元坐标系 $B_{i2}-xyz$ 与系统坐标系 $P-xyz$ 姿态之间的转换矩阵为：

$$\boldsymbol{T}_{i6}=\begin{bmatrix}\cos\theta_{i6}\cos\theta_{0i}-\sin\theta_{i6}\sin\theta_{0i} & -\cos\theta_{i6}\sin\theta_{0i}-\sin\theta_{i6}\cos\theta_{0i} & 0 & k_{x2}\\ \sin\theta_{i6}\cos\theta_{0i}+\cos\theta_{i6}\sin\theta_{0i} & \cos\theta_{i6}\cos\theta_{0i}-\sin\theta_{i6}\sin\theta_{0i} & 0 & k_{y2}\\ 0 & 0 & 1 & k_{z2}\\ 0 & 0 & 0 & 1\end{bmatrix}\tag{5-21}$$

式中，$\theta_{i2}(i=1, 2, 3, 4)$ 为从单元坐标系 $B_{i2}-xyz$ 到局部坐标系 $B_i-x_{i1}y_{i1}z_{i1}$ 的旋转角度。

铰链 HK 即为球面副 S。单元坐标系 $B_{i7}-xyz$ 的 z 轴与局部坐标系 z 轴的夹角为 θ_{i7}（$i=3$，4），系统坐标系 $P-xyz$ 到单元坐标系 $B_{i7}-xyz$ 的姿态转换矩阵为：

$$\boldsymbol{R}_{i7}=\begin{bmatrix}\cos\theta_{i7}\cos\theta_{0i}-\sin\theta_{i7}\sin\theta_{0i} & -\cos\theta_{i7}\sin\theta_{0i}-\sin\theta_{i7}\cos\theta_{0i} & 0\\ \sin\theta_{i7}\cos\theta_{0i}+\cos\theta_{i7}\sin\theta_{0i} & \cos\theta_{i7}\cos\theta_{0i}-\sin\theta_{i7}\sin\theta_{0i} & 0\\ 0 & 0 & 1\end{bmatrix}\tag{5-22}$$

坐标轴 Px 与 $PB_i(i=1, 2, 3, 4)$ 的夹角为 θ_{0i}（$i=1$，2），$\theta_{03}=180°$，$\theta_{04}=270°$。

局部坐标系 $B_i-x_{i1}y_{i1}z_{i1}$ 到单元坐标系 $B_{i5}-xyz$ 的姿态变换矩阵为 T'_{i5}（$i=3$，4）：

$$T'_{i5}=\begin{bmatrix}\cos\theta_{i5} & -\sin\theta_{i5} & 0\\ \sin\theta_{i5} & \cos\theta_{i5} & 0\\ 0 & 0 & 1\end{bmatrix}\tag{5-23}$$

局部坐标系 $B_i - x_{i1}y_{i1}z_{i1}$ 到单元坐标系 $B_{i6} - xyz$ 的姿态变换矩阵为 T'_{i6}（$i=3$，4）：

$$\boldsymbol{T}'_{i6} = \begin{bmatrix} \cos\theta_{i6}\cos\theta_{0i} - \sin\theta_{i6}\sin\theta_{0i} & -\cos\theta_{i6}\sin\theta_{0i} - \sin\theta_{i6}\cos\theta_{0i} & 0 \\ \sin\theta_{i6}\cos\theta_{0i} + \cos\theta_{i6}\sin\theta_{0i} & \cos\theta_{i6}\cos\theta_{0i} - \sin\theta_{i6}\sin\theta_{0i} & 0 \\ 0 & 0 & 1 \end{bmatrix} \tag{5-24}$$

局部坐标系 $B_i - x_{i1}y_{i1}z_{i1}$ 到单元坐标系 $B_{i7} - xyz$ 的姿态变换矩阵为 T'_{i7}（$i=3$，4）：

$$\boldsymbol{T}'_{i7} = \begin{bmatrix} \cos\theta_{i7} & -\sin\theta_{i7} & 0 \\ \sin\theta_{i7} & \cos\theta_{i7} & 0 \\ 0 & 0 & 1 \end{bmatrix} \tag{5-25}$$

系统坐标系 $P - xyz$ 到局部坐标系 $B_i - x_{i1}y_{i1}z_{i1}$（设坐标轴 Px 与 PB_i 的夹角为 θ_{0i}）的姿态变换矩阵 $\boldsymbol{T}_i$（$i=1$，2，3，4）为：

$$\boldsymbol{T}_i = \begin{bmatrix} \cos\theta_{0i} & -\sin\theta_{0i} & 0 \\ \sin\theta_{0i} & \cos\theta_{0i} & 0 \\ 0 & 0 & 1 \end{bmatrix} \tag{5-26}$$

支链Ⅳ中各单元铰链广义坐标和支链系统广义坐标之间转换表达式如下所述。

单元铰链 EF 中的单元广义坐标和系统广义坐标之间的转换关系为：

$$\begin{bmatrix} 0 \\ 0 \\ 0 \\ \delta_{22} \\ \delta_{23} \\ \delta_{24} \end{bmatrix} = \boldsymbol{B}_{i5}\boldsymbol{U}_{i5} = \begin{bmatrix} \boldsymbol{R}_{i5} & 0 \\ 0 & \boldsymbol{R}_{i5} \end{bmatrix} \begin{bmatrix} 0 \\ 0 \\ 0 \\ u_{13} \\ u_{14} \\ u_{15} \end{bmatrix} \tag{5-27}$$

对于移动副 P 的单元广义坐标和系统广义坐标之间的转换关系为：

$$\begin{bmatrix}\delta_{25}\\\delta_{26}\\\delta_{27}\\1\\\delta_{28}\\\delta_{29}\\\delta_{30}\\1\end{bmatrix}=\boldsymbol{B}_{i6}\boldsymbol{U}_{i6}=\begin{bmatrix}\boldsymbol{T}_{i6} & 0\\0 & \boldsymbol{T}_{i6}\end{bmatrix}\begin{bmatrix}u_{13}\\u_{14}\\u_{15}\\1\\u_{16}\\u_{17}\\u_{18}\\1\end{bmatrix} \tag{5-28}$$

单元铰链 HK 中的单元广义坐标和系统广义坐标之间的转换关系为：

$$\begin{bmatrix}\delta_{31}\\\delta_{32}\\\delta_{33}\\\delta_{34}\\\delta_{35}\\\delta_{36}\end{bmatrix}=\boldsymbol{B}_{i7}\boldsymbol{U}_{i7}=\begin{bmatrix}\boldsymbol{R}_{i7} & 0\\0 & \boldsymbol{R}_{i7}\end{bmatrix}\begin{bmatrix}u_{16}\\u_{17}\\u_{18}\\u_{19}\\u_{20}\\u_{21}\end{bmatrix} \tag{5-29}$$

式(5－27)～式(5－29)经过矩阵转化可得到各铰链系统坐标下的动力学方程为：

$$\boldsymbol{M}^{ij}\ddot{\boldsymbol{U}}_{ij}+\boldsymbol{K}^{ij}\boldsymbol{U}_{ij}=\boldsymbol{F}_{\mathrm{e}}^{ij} \tag{5-30}$$

式中，$\boldsymbol{M}^{ij}=\boldsymbol{M}_{\mathrm{e}}^{ij}\boldsymbol{B}_{ij}$；$\boldsymbol{K}^{ij}=\boldsymbol{K}_{\mathrm{e}}^{ij}\boldsymbol{B}_{ij}$。

将各铰链和划分区域的动力学方程经过装配可以得到支链Ⅳ在系统坐标下的 2RPU－2SPS 型全柔顺并联机构支链Ⅳ的动力学方程为：

$$\boldsymbol{M}^{i}\ddot{\boldsymbol{U}}_{i}+\boldsymbol{K}^{i}\boldsymbol{U}_{i}=\boldsymbol{F}^{i} \tag{5-31}$$

式中 $\boldsymbol{U}_i$——支链Ⅳ的结点系统坐标，且 $\boldsymbol{U}_i=(u_{i13}, u_{i14}, \cdots, u_{i21})$；

$\boldsymbol{M}^i$——支链Ⅳ的质量矩阵；

$\boldsymbol{K}^i$——支链Ⅳ的刚度矩阵（包括划分区域的刚度），$\boldsymbol{K}^i=\sum_{j=1}^{7}\boldsymbol{K}_{\mathrm{e}}^{ij}$；

$\boldsymbol{F}^i$——支链Ⅳ的外加载荷刚度矩阵。

支链Ⅲ的动力学方程的推导过程和支链Ⅳ的动力学方程的推导过程类似，可以统一表示为方程式（5－31）的形式。

5.4　空间 2RPU－2SPS 型全柔顺并联机构刚度分析

5.4.1　运动学约束

由于操作任务的需要，一般变形主要来源于柔性铰链，其余连接处的变形可以忽略不计。支链与各个铰链的结点不是独立的，而是支链6个独立参量的函数，且满足两铰链的连接件位移一致。根据这个条件，可得出支链运动学约束关系。

如图5－7所示，支链Ⅰ中，坐标系 E_1-xyz 相对于系统坐标系 $P-xyz$ 的变换矩阵为 ${}_{E_1}^{P}\boldsymbol{R}$，点 E_1 在系统坐标系 $P-xyz$ 下的坐标为 $(x_{E_1},\ y_{E_1},\ z_{E_1})^{\mathrm{T}}$ 时，变换矩阵 ${}_{E_1}^{P}\boldsymbol{R}$ 可以表示为下式：

$$
{}_{E_1}^{P}\boldsymbol{R}=\begin{bmatrix}\cos\alpha\cos\beta & \cos\alpha\sin\beta\sin\gamma-\sin\alpha\cos\gamma & \cos\alpha\sin\beta\cos\gamma+\sin\alpha\cos\gamma & x_A\\ \sin\alpha\cos\beta & \sin\alpha\sin\beta\sin\gamma+\cos\alpha\cos\gamma & \sin\alpha\sin\beta\cos\gamma-\cos\alpha\sin\gamma & y_A\\ -\sin\beta & \cos\beta\sin\gamma & \cos\beta\cos\gamma & z_A\\ 0 & 0 & 0 & 1\end{bmatrix}
$$

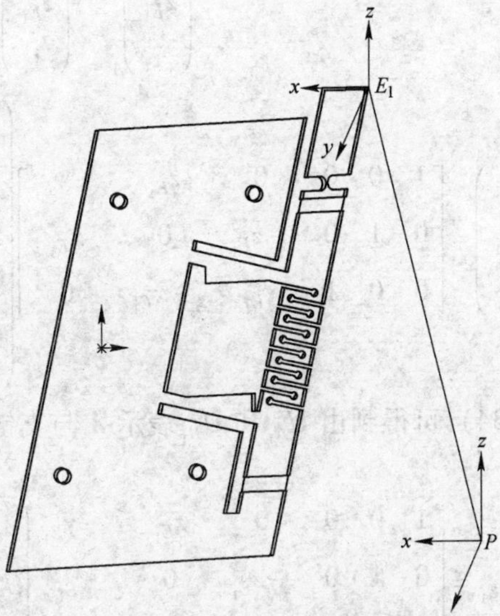

图5－7　E_1 与支链的约束关系

E_1 的运动姿态位置发生微小变动（即 $\delta\alpha$，$\delta\beta$，$\delta\gamma$，δx_{E_1}，δy_{E_1}，δz_{E_1}），由坐标系 $E_1'-x'y'z'$ 到坐标系 E_1-xyz 的变换矩阵为 $\boldsymbol{\Delta R}$，其近似表达式为：

$$\Delta \boldsymbol{R}=\begin{bmatrix} 1 & -\delta\alpha & \delta\beta & \delta x_E \\ \delta\alpha & 1 & -\delta\gamma & \delta y_E \\ -\delta\beta & \delta\gamma & 1 & \delta z_E \\ 0 & 0 & 0 & 1 \end{bmatrix} \tag{5-32}$$

由坐标系 $A_1'-x'y'z'$ 到坐标系 B_1-xyz 的变换矩阵 $\boldsymbol{T}_1$ 为：

$$\boldsymbol{T}_1={}_{E_1'}^{P}\boldsymbol{RT}=\Delta\boldsymbol{R}_{E_1'}^{P}\boldsymbol{RR}(\varPhi) \tag{5-33}$$

式中，$\varPhi$ 为不同值，$i=1$ 时，$\varPhi=0$；$i=2$ 时，$\varPhi=90°$；$i=3$ 时，$\varPhi=180°$；$i=4$ 时，$\varPhi=270°$。

设图 5－7 中的点 E_1 和 E_1' 在坐标系 B_1-xyz 下的坐标分别为 $(x_{E_1},\ y_{E_1},\ z_{E_1})^{\mathrm{T}}$ 和 $(x_{E_1'},\ y_{E_1'},\ z_{E_1'})^{\mathrm{T}}$，$\begin{pmatrix} x_{E_1'} \\ y_{E_1'} \\ z_{E_1'} \\ 1 \end{pmatrix}_{A'}=\begin{pmatrix} x_{E_1} \\ y_{E_1} \\ z_{E_1} \\ 1 \end{pmatrix}_{A}$，有：

$$\begin{pmatrix} \Delta x_{E_1} \\ \Delta y_{E_1} \\ \Delta z_{E_1} \end{pmatrix}=\begin{bmatrix} 1 & 0 & 0 & 0 & z_{E_1} & -y_{E_1} \\ 0 & 1 & 0 & -z_{E_1} & 0 & x_{E_1} \\ 0 & 0 & 1 & y_{E_1} & -x_{E_1} & 0 \end{bmatrix}\begin{pmatrix} \delta x_{E_1} \\ \delta y_{E_1} \\ \delta z_{E_1} \\ \delta\gamma \\ \delta\beta \\ \delta\alpha \end{pmatrix} \tag{5-34}$$

由式（5－34）可得到由 $\boldsymbol{U}_{A_1}$ 和 $\boldsymbol{U}_{B_1}$ 表示 A 与支链之间的运动学约束条件为：

$$\boldsymbol{U}_{E_1}=\begin{bmatrix} 1 & 0 & 0 & 0 & z_{E_1} & -y_{E_1} \\ 0 & 1 & 0 & -z_{E_1} & 0 & x_{E_1} \\ 0 & 0 & 1 & y_{E_1} & -x_E & 0 \end{bmatrix}\boldsymbol{U}_{B_1}$$

或简记为：

$$U_{E_i}=J_iU_{B_i}\quad i=1,2,3 \tag{5-35}$$

式中 U_{E_i}——支链 I 中 E_i（$i=1$, 2, 3, 4）点的弹性位移矢量；

U_{B_i}——各支链弹性变形引起的动平台的位移改变量；

J_i——系统运动学约束条件矩阵。

支链Ⅱ、Ⅲ、Ⅳ的约束条件和支链 I 相同。

5.4.2 支链 I 刚度的分析

取系统广义坐标 $U_i^* = [u_{i1}, u_{i2}, \cdots, u_{i9}, u_1, u_2, u_3, u_4, u_5, u_6]^{\mathrm{T}}$，则由系统的动力学约束方程式（5-35），可得到：

$$U_i=R_iU_i^*$$

$$U_i=[u_{i1},u_{i2},\cdots,u_{i12}] \tag{5-36}$$

$$R_i=\begin{bmatrix}[I]_{6\times6} & 0 & 0\\ 0 & 0 & [J]_{3\times6}\\ 0 & [I]_{3\times3} & 0\end{bmatrix}_{12\times15}$$

将式（5-36）代入式（5-19），得

$$M^1R_i\ddot{U}_i^*+K^iR_iU_i^*=F^i$$

左乘矩阵 R_i^{T}，有

$$R_i^{\mathrm{T}}M^1R_i\ddot{U}_i^*+R_i^{\mathrm{T}}K^iR_iU_{B_1}=R_i^{\mathrm{T}}F^i \tag{5-37}$$

令 $M=R_1^{\mathrm{T}}M^1B_0R_1$，$K_i=R_1^{\mathrm{T}}K^iB_0R_1$，$F=R_i^{\mathrm{T}}F^i$，则式（5-37）可简化为：

$$M\ddot{U}_i^*+K_iU_i^*=F \tag{5-38}$$

将式 $K_i=R_1^{\mathrm{T}}K^iB_0R_1$ 中的 K_i 分解为如下形式：

$$K_i=\begin{bmatrix}[K_i^{11}]_{4\times4} & [K_i^{12}]_{4\times11}\\ [K_i^{21}]_{11\times4} & [K_i^{22}]_{11\times11}\end{bmatrix}_{15\times15}$$

5.4.3 全柔顺并联机构整体刚度分析

把各个支链的动力学方程式(5-19)、式(5-31)装配到一起,形成系统的无阻尼弹性动力学方程：

$$\boldsymbol{M}\ddot{\boldsymbol{U}}+\boldsymbol{K}\boldsymbol{U}=\boldsymbol{F} \tag{5-39}$$

其中：

$$\boldsymbol{K}=\begin{bmatrix} K_1^{11} & 0 & 0 & 0 & K_1^{12} \\ 0 & K_2^{11} & 0 & 0 & K_2^{12} \\ 0 & 0 & K_3^{11} & 0 & K_3^{12} \\ 0 & 0 & 0 & K_4^{11} & K_4^{12} \\ K_1^{21} & K_2^{21} & K_3^{21} & K_4^{21} & \sum_{i=1}^{4} K_i^{22} \end{bmatrix}_{27\times 27}$$

式中 $\boldsymbol{U}$——系统广义坐标列阵；

$\boldsymbol{M}$——系统的总质量矩阵；

$\boldsymbol{K}$——系统的总刚度矩阵；

$\boldsymbol{F}$——系统广义力列阵。

5.5 空间 2RPU－2SPS 型全柔顺并联机构刚度与弹性变形

对动平台的几何中心施加一个外载荷 $\boldsymbol{F}=[500,\ -800,\ 1000]^{\mathrm{T}}$，动平台中心处弹性变形为：

$$\begin{bmatrix} \mathrm{d}x_0 \\ \mathrm{d}z_0 \\ \mathrm{d}\varphi_y \\ \mathrm{d}\varphi_z \end{bmatrix}=\boldsymbol{K}^{-1}\begin{bmatrix} \boldsymbol{F} \\ \boldsymbol{T} \end{bmatrix} \tag{5-40}$$

计算得出动平台的应变为：$\begin{bmatrix} \mathrm{d}x_0 \\ \mathrm{d}z_0 \\ \mathrm{d}\varphi_y \\ \mathrm{d}\varphi_z \end{bmatrix}=\begin{bmatrix} 0.314\times 10^{-3} \\ 2.103\times 10^{-3} \\ 1.66\times 10^{-2} \\ 0.365 \end{bmatrix}$

式中，x、z 方向的位移的单位为 μm；角度的单位为 μrad。

5.6 空间 2RPU－2SPS 型全柔顺并联机构仿真

通过 SolidWorks 及 ANSYS 软件对上述 2RPU－2SPS 型全柔顺并联机构进行建模仿真分析。首先应用 SolidWorks 软件建立机构的立体模型，然后将模型导入ANSYS软件中进行仿真分析。

在ANSYS软件仿真过程中，采用Solid95单元作为结构实体单元，设置网格尺寸为0.001划分网格，机构的材料选用65Mn（弹簧钢），其弹性模量为207GPa，泊松比为0.3，密度为7850kg/m^3。

将2RPU－2SPS型全柔顺并联机构的三维模型导入ANSYS后，对模型进行前处理，步骤为：定义机构材料属性、单元类型，进行网格划分。在施加约束时，定机构固定基座自由度为0，外载荷施加在机构运动平台中心位置，x轴、y轴、z轴分别施加500N、800N、1000N的外力，2RPU－2SPS型全柔顺并联机构的结构变形云图如图5－8所示。

图5－8 2RPU－2SPS型全柔顺并联机构的结构变形云图

对机构的ANSYS模型进行计算和后处理，得到全柔顺并联机构结构总应变云图和各个方向的应变分布云图分别如图5－9～图5－13所示。

由图5－9～图5－13可知，全柔顺并联机构的结构总应变在$2.07\times10^{-5}\sim0.367\times10^{-3}$ μm之间；x轴方向的结构应变变形为$-0.201\times10^{-3}\sim0.20\times10^{-3}$ μm，z轴方向的结构应变变形为$-0.130\times10^{-3}\sim0.123\times10^{-3}$ μm，绕y轴的转动角度变化为$-0.179\times10^{-2}\sim3.25\times10^{-2}$ μrad，绕z轴的转动角度变化为$-0.412\sim0.463$ μrad。

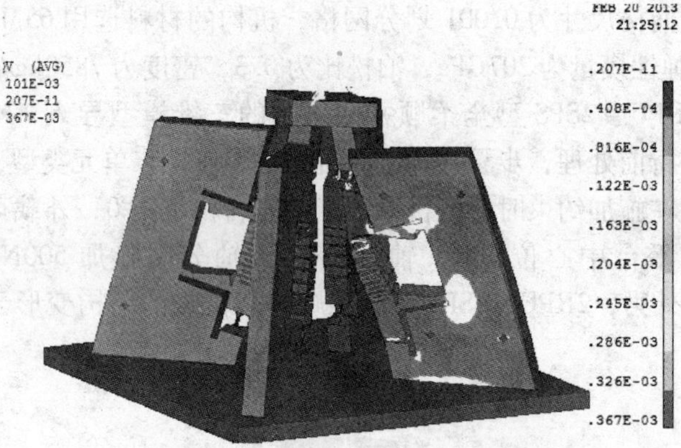

图 5－9　2RPU－2SPS 型全柔顺并联机构的总应变云图

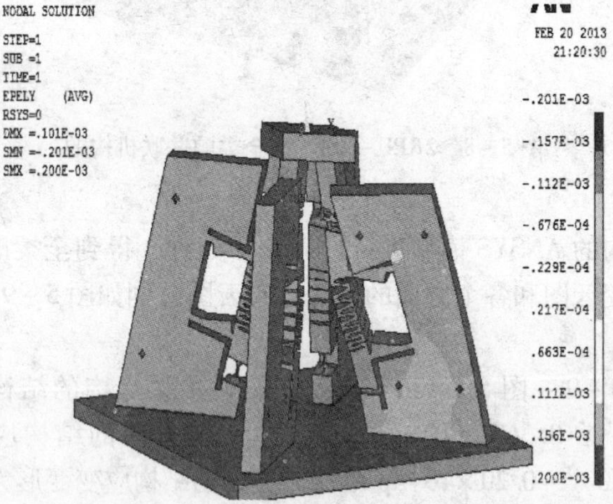

图 5－10　2RPU－2SPS 型全柔顺并联机构 x 轴方向应变云图

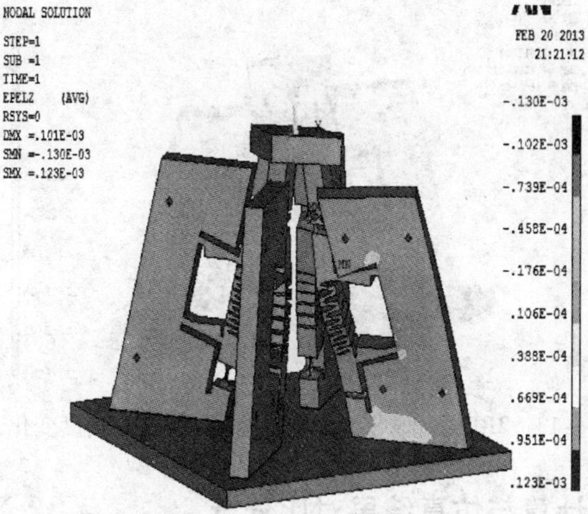

图5－11 2RPU－2SPS型全柔顺并联机构 z 轴方向应变云图

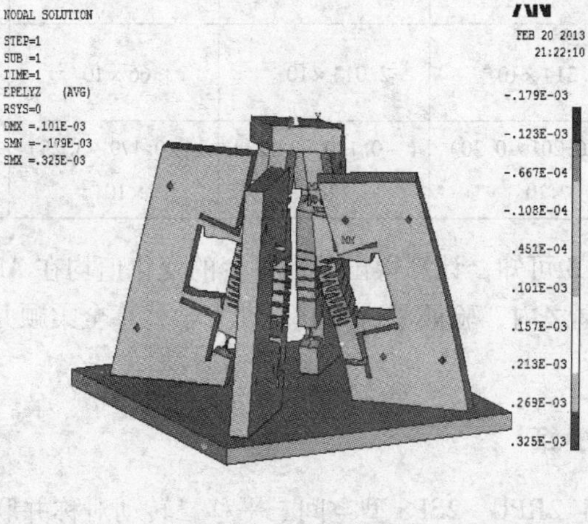

图5－12 2RPU－2SPS型全柔顺并联机构 y 轴角度变化云图

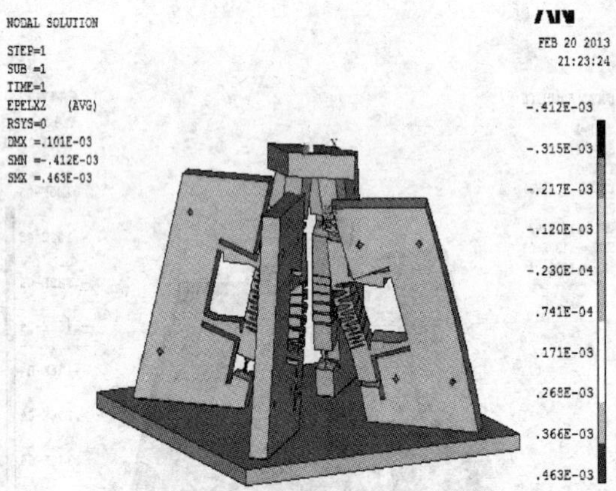

图 5－13 2RPU－2SPS 型全柔顺并联机构 z 轴角度变化云图

5.7 理论计算与仿真结果对比分析

由式（5－40）得出动平台沿 x 轴和 z 轴的位移以及绕 y 轴和 z 轴的转动角度，与 ANSYS 软件仿真对比如表 5－3 所示。

表 5－3 理论计算位移及角度改变量与 ANSYS 软件仿真结果对比

位移及角度变化	x_0/μm	z_0/μm	φ_y/μrad	φ_z/μrad
理论计算值	0.314×10^{-3}	2.013×10^{-3}	1.66×10^{-2}	0.365
ANSYS 仿真结果	$(-0.201\sim0.20)\times10^{-3}$	$(-0.130\sim0.123)\times10^{-3}$	$(-0.179\sim3.25)\times10^{-2}$	$-0.412\sim0.463$

由表 5－3 可知，计算得出的动平台的变化值均在 ANSYS 软件仿真结果的范围之内，验证了这种利用动力学计算全柔顺并联刚度方法的正确性。

5.8 本章小结

本章给定 2RPU－2SPS 型空间二平移二转动对称并联机构，并以此为原型，按照全柔顺精密定位平台的设计方法及原则，设计出

2RPU－2SPS 型全柔顺并联机构。

（1）根据动力学方程求全柔顺并联机构的刚度。首先根据单元动力学方程、单元刚度矩阵、单元铰链刚度矩阵、坐标变换等理论，得出 2RPU－2SPS 型支链的刚度；其次，经过装配等过程得出 2RPU－2SPS 型机构的整体刚度；最后，利用虚功原理和代入参数得出全柔顺并联机构在 x 轴、z 轴方向的应变和绕 y 轴、z 轴的转角的具体数值。

（2）验证所计算的数值的正确性。在 SolidWorks 建立全柔顺并联机构模型，应用 ANSYS 软件对其进行仿真，得出机构在施加载荷下所产生的应变，即全柔顺并联机构在 x 轴、y 轴方向的应变和绕 y 轴、z 轴转角的数值区间。

（3）将计算数值和 ANSYS 仿真得出的数值进行对比，得出计算的数值和仿真得出的数值具有相同的数量级，并且计算的结果处于仿真结果的区间内，说明所设计求解刚度的方法是正确的。

6　空间 4 – RPUR 型全柔顺并联机构

4 – RPUR 型并联机构是由 4 条 RPUR 型支链组成的对称结构，是具有 3 个转动和 1 个平移运动特性的并联机构。本章基于 4 – RPUR 并联机构的运动特性，采用替换法设计出与之对应的全柔顺并联机构。根据动力学方程求出全柔顺并联机构的整体刚度，并应用 ANSYS 软件验证这种分析方法的正确性，为精密定位平台的设计提供基础。

6.1　空间 4 – RPUR 型并联机构

6.1.1　空间 4 – RPUR 型并联机构构型

空间 4 – RPUR 型并联机构构型由固定基座、运动平台和四个 RPUR 型运动支链构成，四个运动支链完全相同且每个支链均与相邻支链互相垂直并且均匀地固定在固定基座和运动平台上，将固定基座和运动平台连接在一起，如图 6 – 1 所示。

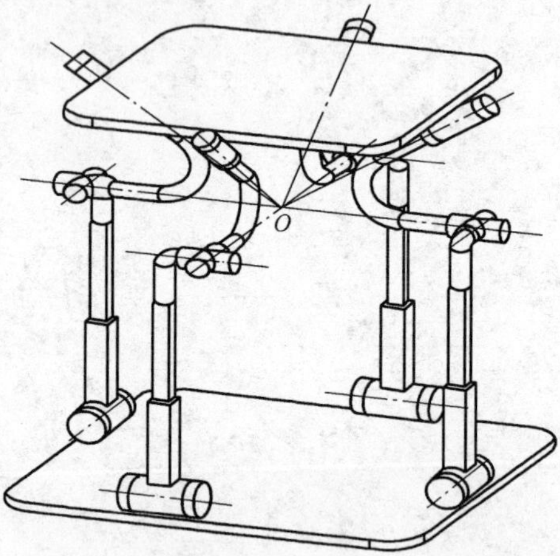

图 6 – 1　空间 4 – RPUR 型并联机构构型

构型特点：空间 4 – RPUR 型并联机构中第 i 个 RPUR 型运动支

链，该支链由转动副R_{i1}、移动副P_i、虎克铰U_i、转动副R_{i2}及连接以上运动副（常规铰链）的连杆构成。其中转动副R_{i1}的转动轴S_{i1}和虎克铰U_i的一条转动轴S_{i3}相平行，移动副P_i的移动轴S_{i2}（图中未标注）与S_{i1}、S_{i3}在同一个平面内且垂直于S_{i1}和S_{i3}，虎克铰U_i的另一条转动轴S_{i4}和转动轴S_{i3}相垂直且与转动副R_{i2}的转动轴S_{i5}相交于点O_i，四个支链的转动轴S_{i4}和S_{i5}（$i=1,2,3,4$）交于点O_i，如图6-2所示。

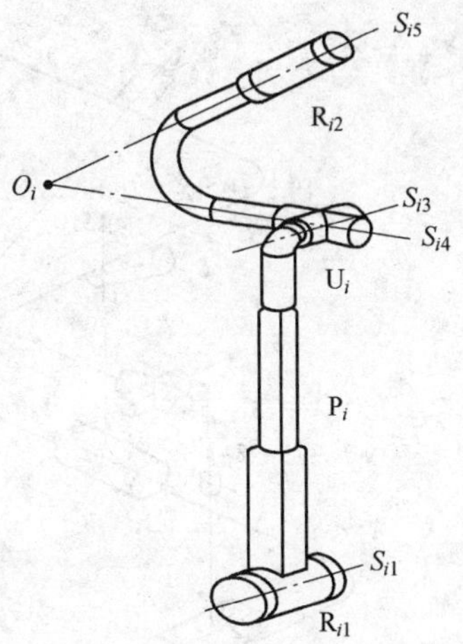

图6-2 RPUR型运动支链结构形式

6.1.2 空间4-RPUR型并联机构运动特性分析

基坐标$P-xyz$建立在动平台上，x轴和y轴在动平台内，z轴垂直于动平台。在与定平台相交的转动副上建立支链RPUR的坐标系$B_1-x_1y_1z_1$，其中z_1垂直于定平台，x_1轴与转动副R的轴线平行，如图6-3所示。

在RPUR支链上，U副可分解为由两个相互正交R副组成，支链运动螺旋系为：

$$\begin{cases} \$_{11}=(1,0,0;0,q_{i1},r_{i1}) \\ \$_{12}=(0,0,0;0,l,m) \\ \$_{13}=(1,0,0;0,q_{i3},r_{i3}) \\ \$_{14}=(l_{i4},m_{i4},n_{i4};0,0,0) \\ \$_{15}=(l_{i5},m_{i5},n_{i5};0,0,0) \end{cases} \tag{6-1}$$

其运动反螺旋形式为：

$$\$_1^r=(1,0,0;0,0,0) \tag{6-2}$$

由分析得出，约束了支链的一个沿x轴移动的自由度。由于机构具有4个相同的RPUR型支链，所以，4个分支向动平台施加了4个

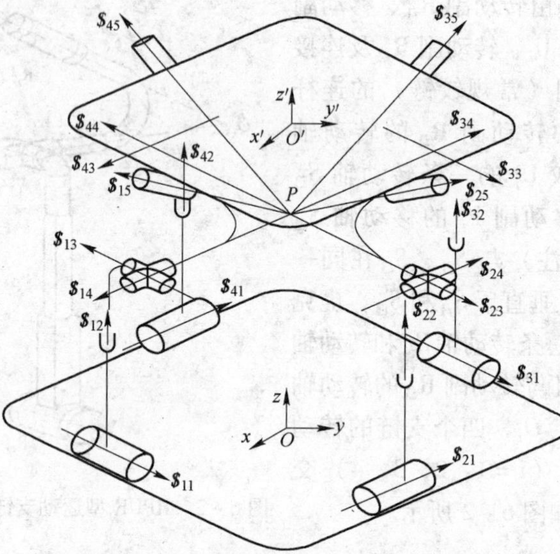

图 6 - 3　4 - RPUR 型并联机构坐标系统组成

约束力线矢，且满足共面汇交的几何条件。这样，4 - RPUR 型全柔顺并联机构的约束力线矢决定的平面内的两个移动自由度被约束，即沿 x 轴和 y 轴方向的移动被约束。

综上所述，4 - RPUR 型全柔顺并联机构具有 4 个自由度，即沿 z 轴的移动和绕 x、y、z 轴的转动。

6.2　空间 4 - RPUR 型全柔顺支链结构

在 4 - RPUR 型并联机构的基础上设计 4 - RPUR 型全柔顺并联机构，首先应设计相应的 RPUR 型全柔顺并联机构的支链，根据 RPUR 型运动支链（如图 6 - 2 所示）设计出相应的 RPUR 型全柔顺支链（如图 6 - 4 所示）。RPUR 型全柔顺支链由一块整体材料切割而成，通过加工形成一个含有相应柔性铰链及柔性连杆的整体式支链；其中柔性转动副 R_{i1} 的转动轴 S_{i1} 和柔性虎克铰 U_i 的一条转动轴 S_{i3} 相平行，柔性移动副 P_i 的移动轴 S_{i2}（图中未标注）与 S_{i1}、S_{i3} 在同一个平面内且垂直于 S_{i1} 和 S_{i3}，柔性虎克铰 U_i 的另一条转动轴 S_{i4} 和转动轴 S_{i3} 相垂直且与柔性转动副 R_{i2} 的转动轴 S_{i5} 相交于点 O_i，转动轴

S_{i4}、S_{i5}的夹角和 RPUR 型常规支链中转动轴 S_{i4}、S_{i5}的夹角相同。

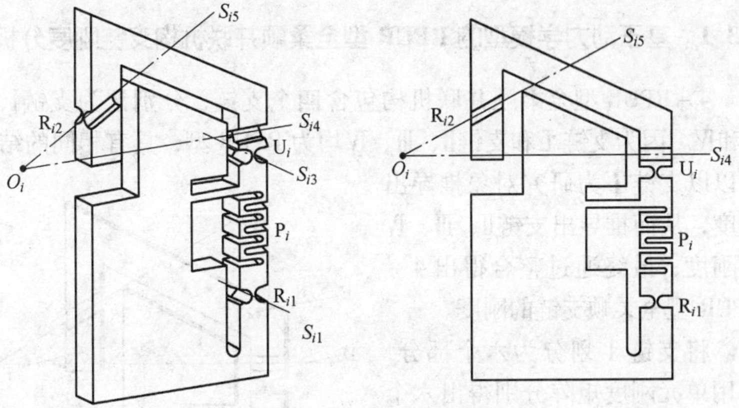

图 6-4 RPUR 型全柔顺支链结构形式

与 4-RPUR 型并联机构的设计相同，将四个完全相同的 RPUR 型全柔顺支链的一端均匀地固定在固定基座上，支链的运动输出端固定在运动平台上，使之构成具有空间 4 自由度的 4-RPUR 型全柔顺并联机构，四个支链中转动轴 S_{i4}和 S_{i5}（i=1，2，3，4）共交于点 O，如图 6-5 所示。

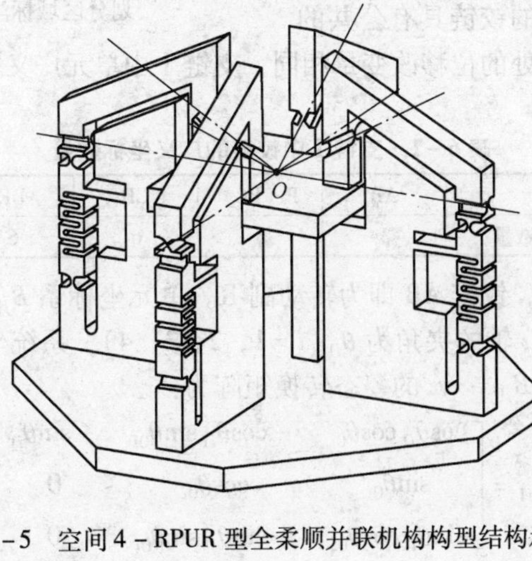

图 6-5 空间 4-RPUR 型全柔顺并联机构构型结构示意图

6.3 空间4–RPUR型全柔顺并联机构刚度分析

6.3.1 基于动力学模型的RPUR型全柔顺并联机构支链刚度分析

4–RPUR型全柔顺并联机构包含四个支链，分别记为支链Ⅰ、Ⅱ、Ⅲ和Ⅳ。因为支链Ⅰ和支链Ⅱ、Ⅲ、Ⅳ均为RPUR型，具有相同的结构，所以以支链Ⅰ为研究对象推导出刚度，从而推导出支链Ⅱ、Ⅲ、Ⅳ的刚度，最终通过整合得出4–RPUR型全柔顺支链的刚度。

将支链Ⅰ划分为六个部分，利用单元刚度矩阵分别得出六个部分的刚度，然后把铰链刚度和六个部分的刚度叠加，从而得出支链Ⅰ的刚度矩阵，区域标注如图6–6所示。

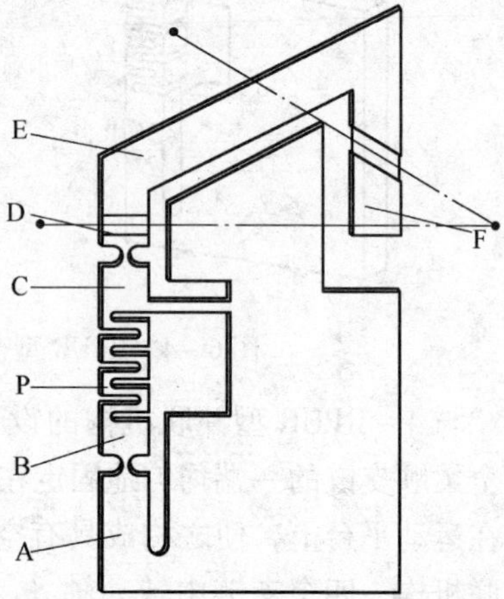

图6–6 RPUR型全柔顺并联支链划分区域标注

支链Ⅰ（RPUR型）中含有5个铰链，分别记为AB、BC、CD、DE和EF，如图6–6所示。由于两个相邻的铰链具有公共的交点，故交点处的位移改变量相同。支链Ⅰ中单元广义坐标的数量如表6–1所示。

表6–1 支链Ⅰ中铰链的广义坐标数量

铰链代号	AB	P（BC）	CD	DE	EF
单元广义坐标数量	3	6	6	6	6

支链Ⅰ中，铰链AB即为转动副R。单元坐标系 $B_{i1}-xyz$ 的 x 轴与局部坐标系 z 轴的夹角为 θ_{i1}（$i=1, 2, 3, 4$），系统坐标系 $P-xyz$ 到单元坐标系 $B_{i1}-xyz$ 的姿态转换矩阵为：

$$\boldsymbol{R}_{i1}=\begin{bmatrix}\cos\theta_{i1}\cos\theta_{0i} & -\cos\theta_{i1}\sin\theta_{0i} & -\sin\theta_{i1}\\ \sin\theta_{0i} & \cos\theta_{0i} & 0\\ \sin\theta_{i1}\cos\theta_{0i} & -\sin\theta_{i1}\sin\theta_{0i} & 0\end{bmatrix} \tag{6-3}$$

移动副P的运动位移矢量 $\boldsymbol{k}_1=(k_{x1}, k_{y1}, k_{z1})^{\mathrm{T}}$ 上建立的单元坐标系 $B_{i2}-xyz$ 与系统坐标系 $P-xyz$ 姿态之间的转换矩阵为：

$$\boldsymbol{T}_{i2}=\begin{bmatrix}\cos\theta_{i2}\cos\theta_{0i} & -\cos\theta_{i2}\sin\theta_{0i} & -\sin\theta_{i2} & k_{x1}\\ \sin\theta_{0i} & \cos\theta_{0i} & 0 & k_{y1}\\ \sin\theta_{i2}\cos\theta_{0i} & -\sin\theta_{i2}\sin\theta_{0i} & 0 & k_{z1}\\ 0 & 0 & 0 & 1\end{bmatrix} \tag{6-4}$$

式中，θ_{i2}（$i=1, 2$）为从单元坐标系 $B_{i2}-xyz$ 到局部坐标系 $B_i-x_iy_iz_i$ 的旋转角度。

万向铰U由铰链CD和DE构成，并且铰链CD和铰链DE的轴线正交。铰链CD与铰链AB轴线平行，其单元坐标系 $B_{i3}-xyz$ 的 x 轴与局部坐标系 z 轴的夹角为 θ_{i3}（$i=1, 2, 3, 4$），系统坐标系 $P-xyz$ 到单元坐标系 $B_{i3}-xyz$ 的姿态转换矩阵为：

$$\boldsymbol{R}_{i3}=\begin{bmatrix}\cos\theta_{i3}\cos\theta_{0i} & -\cos\theta_{i3}\sin\theta_{0i} & -\sin\theta_{i3}\\ \sin\theta_{0i} & \cos\theta_{0i} & 0\\ \sin\theta_{i3}\cos\theta_{0i} & -\sin\theta_{i3}\sin\theta_{0i} & 0\end{bmatrix} \tag{6-5}$$

铰链DE和铰链CD的轴线正交，其单元坐标系 $B_{i4}-xyz$ 的 x 轴与局部坐标系 z 轴的夹角为 θ_{i4}（$i=1, 2, 3, 4$），系统坐标系 $P-xyz$ 到单元坐标系 $B_{i4}-xyz$ 的姿态转换矩阵为：

$$\boldsymbol{R}_{i4}=\begin{bmatrix}\cos\theta_{i4}\cos\theta_{0i} & -\cos\theta_{i4}\sin\theta_{0i} & -\sin\theta_{i4}\\ \sin\theta_{0i} & \cos\theta_{0i} & 0\\ \sin\theta_{i4}\cos\theta_{0i} & -\sin\theta_{i4}\sin\theta_{0i} & 0\end{bmatrix} \tag{6-6}$$

铰链EF即为转动副R，单元坐标系 $B_{i5}-xyz$ 的 x 轴与局部坐标系 z 轴的夹角为 θ_{i1}（$i=1, 2, 3, 4$），系统坐标系 $P-xyz$ 到单元坐标系 $B_{i5}-xyz$ 的姿态转换矩阵为：

$$\boldsymbol{R}_{i5}=\begin{bmatrix}0 & 0 & -1\\ \sin\theta_{i5}\cos\theta_{0i}+\cos\theta_{i5}\sin\theta_{0i} & -\sin\theta_{i5}\sin\theta_{0i}+\cos\theta_{i5}\cos\theta_{0i} & 0\\ \cos\theta_{i5}\cos\theta_{0i}-\sin\theta_{i5}\sin\theta_{0i} & -\cos\theta_{i5}\sin\theta_{0i}-\sin\theta_{i5}\cos\theta_{0i} & 0\end{bmatrix} \tag{6-7}$$

如图6-7所示，坐标轴 Px 与 PB_i（$i=1, 2, 3, 4$）的夹角为

θ_{0i}（$i=1$, 2），$\theta_{01}=0°$，$\theta_{02}=90°$。

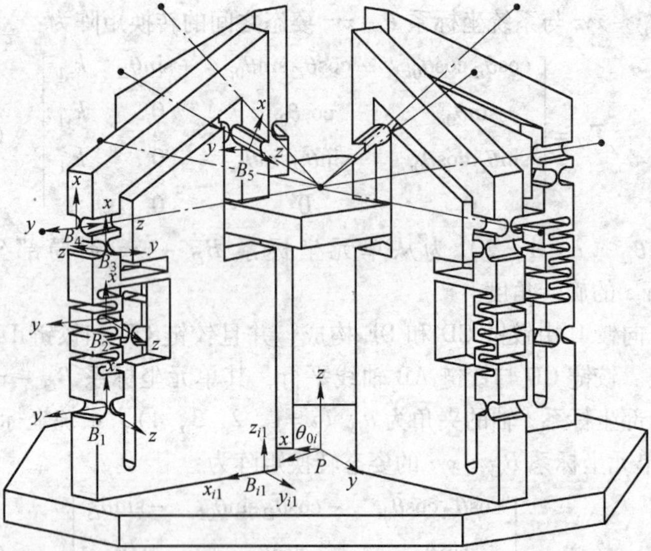

图 6 - 7　4 - RPUR 型全柔顺并联机构支链坐标系

局部坐标系 $B_i - x_{i1}y_{i1}z_{i1}$ 到单元坐标系 $B_{i1} - xyz$ 的姿态变换矩阵为：

$$\boldsymbol{T}'_{i1}=\begin{bmatrix}\cos\theta_{i1} & 0 & -\sin\theta_{i1}\\ 0 & 1 & 0\\ \sin\theta_{i1} & 0 & \cos\theta_{i1}\end{bmatrix}\tag{6-8}$$

局部坐标系 $B_i - x_{i1}y_{i1}z_{i1}$ 到单元坐标系 $B_{i2} - xyz$ 的姿态变换矩阵为：

$$\boldsymbol{T}'_{i2}=\begin{bmatrix}\cos\theta_{i2}\cos\theta_{0i} & -\cos\theta_{i2}\sin\theta_{0i} & -\sin\theta_{i2}\\ \sin\theta_{0i} & \cos\theta_{0i} & 0\\ \sin\theta_{i2}\cos\theta_{0i} & -\sin\theta_{i2}\sin\theta_{0i} & 0\end{bmatrix}\tag{6-9}$$

局部坐标系 $B_i - x_{i1}y_{i1}z_{i1}$ 到单元坐标系 $B_{i3} - xyz$ 的姿态变换矩阵为：

$$\boldsymbol{T}'_{i3}=\begin{bmatrix}\cos\theta_{i3} & 0 & -\sin\theta_{i3}\\ 0 & 1 & 0\\ \sin\theta_{i3} & 0 & \cos\theta_{i3}\end{bmatrix}\tag{6-10}$$

局部坐标系 $B_i - x_{i1}y_{i1}z_{i1}$ 到单元坐标系 $B_{i4} - xyz$ 的姿态变换矩阵为：

$$\boldsymbol{T}'_{i4} = \begin{bmatrix} \cos\theta_{i4} & 0 & -\sin\theta_{i4} \\ 0 & 1 & 0 \\ \sin\theta_{i4} & 0 & \cos\theta_{i4} \end{bmatrix} \tag{6-11}$$

局部坐标系 $B_i - x_{i1}y_{i1}z_{i1}$ 到单元坐标系 $B_{i5} - xyz$ 的姿态变换矩阵为：

$$\boldsymbol{T}'_{i5} = \begin{bmatrix} 0 & 0 & -1 \\ \sin\theta_{i5} & \cos\theta_{i5} & 0 \\ \cos\theta_{i5} & -\sin\theta_{i5} & 0 \end{bmatrix} \tag{6-12}$$

系统坐标系 $P - xyz$ 到局部坐标系 $B_i - x_{i1}y_{i1}z_{i1}$（设坐标轴 Px 与 PB_i 的夹角为 θ_{0i}）的姿态变换矩阵 $\boldsymbol{T}_i(i=1, 2, 3, 4)$ 为：

$$\boldsymbol{T}_i = \begin{bmatrix} \cos\theta_{0i} & -\sin\theta_{0i} & 0 \\ \sin\theta_{0i} & \cos\theta_{0i} & 0 \\ 0 & 0 & 1 \end{bmatrix} \tag{6-13}$$

各单元铰链广义坐标和支链系统广义坐标之间的转换表达式如下所述。

单元铰链 AB 中的单元广义坐标和系统广义坐标之间的转换关系为：

$$\begin{bmatrix} 0 \\ 0 \\ 0 \\ \delta_1 \\ \delta_2 \\ \delta_3 \end{bmatrix} = \boldsymbol{B}_{i1}\boldsymbol{U}_{i1} = \begin{bmatrix} \boldsymbol{R}_{i1} & 0 \\ 0 & \boldsymbol{R}_{i1} \end{bmatrix} \begin{bmatrix} 0 \\ 0 \\ 0 \\ u_1 \\ u_2 \\ u_3 \end{bmatrix} \tag{6-14}$$

对于移动副 P 的单元广义坐标和系统广义坐标之间的转换关系为：

$$\begin{bmatrix} \delta_4 \\ \delta_5 \\ \delta_6 \\ 1 \\ \delta_7 \\ \delta_8 \\ \delta_9 \\ 1 \end{bmatrix} = \boldsymbol{B}_{i2}\boldsymbol{U}_{i2} = \begin{bmatrix} \boldsymbol{T}_{i2} & 0 \\ 0 & \boldsymbol{T}_{i2} \end{bmatrix} \begin{bmatrix} u_1 \\ u_2 \\ u_3 \\ 1 \\ u_4 \\ u_5 \\ u_6 \\ 1 \end{bmatrix} \tag{6-15}$$

单元铰链 CD 中的单元广义坐标和系统广义坐标之间的转换关系为：

$$\begin{bmatrix} \delta_{10} \\ \delta_{11} \\ \delta_{12} \\ \delta_{13} \\ \delta_{14} \\ \delta_{15} \end{bmatrix} = \boldsymbol{B}_{i3}\boldsymbol{U}_{i3} = \begin{bmatrix} \boldsymbol{R}_{i3} & 0 \\ 0 & \boldsymbol{R}_{i3} \end{bmatrix} \begin{bmatrix} u_4 \\ u_5 \\ u_6 \\ u_7 \\ u_8 \\ u_9 \end{bmatrix} \tag{6-16}$$

单元铰链 DE 中的单元广义坐标和系统广义坐标之间的转换关系为：

$$\begin{bmatrix} \delta_{16} \\ \delta_{17} \\ \delta_{18} \\ \delta_{19} \\ \delta_{20} \\ \delta_{21} \end{bmatrix} = \boldsymbol{B}_{i4}\boldsymbol{U}_{i4} = \begin{bmatrix} \boldsymbol{R}_{i4} & 0 \\ 0 & \boldsymbol{R}_{i4} \end{bmatrix} \begin{bmatrix} u_7 \\ u_8 \\ u_9 \\ u_{10} \\ u_{11} \\ u_{12} \end{bmatrix} \tag{6-17}$$

单元铰链 EF 中的单元广义坐标和系统广义坐标之间的转换关系为：

$$\begin{bmatrix} \delta_{22} \\ \delta_{23} \\ \delta_{24} \\ \delta_{25} \\ \delta_{26} \\ \delta_{27} \end{bmatrix} = \boldsymbol{B}_{i5}\boldsymbol{U}_{i5} = \begin{bmatrix} \boldsymbol{R}_{i5} & 0 \\ 0 & \boldsymbol{R}_{i5} \end{bmatrix} \begin{bmatrix} u_{10} \\ u_{11} \\ u_{12} \\ u_{13} \\ u_{14} \\ u_{15} \end{bmatrix} \tag{6-18}$$

由式（6 - 14）~式（6 - 18），经过矩阵转化可以得到各铰链系统坐标下的动力学方程：

$$\boldsymbol{M}^{ij}\ddot{\boldsymbol{U}}_{ij} + \boldsymbol{K}^{ij}\boldsymbol{U}_{ij} = \boldsymbol{F}_{\mathrm{e}}^{ij} \tag{6-19}$$

式中，$\boldsymbol{M}^{ij} = \boldsymbol{M}_{\mathrm{e}}^{ij}\boldsymbol{B}_{ij}$；$\boldsymbol{K}^{ij} = \boldsymbol{K}_{\mathrm{e}}^{ij}\boldsymbol{B}_{ij}$。

将各铰链和划分区域的动力学方程经过装配可以得到支链Ⅳ在系统坐标下的动力学方程，即 4 - RPUR 型全柔顺并联机构支链Ⅳ的动力学方程为：

$$M^i\ddot{U}_i + K^iU_i = F^i \tag{6-20}$$

式中 U_i——支链Ⅰ的结点系统坐标，且 $U_i=(u_{i1}, u_{i2}, \cdots, u_{i15})$；

M^i——支链Ⅰ的质量矩阵；

K^i——支链Ⅰ的刚度矩阵（包括各个划分区域的刚度），

$$K^i = \sum_{j=1}^{7} K_e^{ij};$$

F^i——支链Ⅰ的外加载荷刚度矩阵。

支链Ⅱ、Ⅲ、Ⅳ的动力学方程的推导过程和支链Ⅰ的动力学方程的推导过程类似，可以统一表示为方程式（6-20）的形式。

6.3.2 基于动力学模型的空间4-RPUR型全柔顺并联机构刚度分析

6.3.2.1 运动学约束

由于操作任务的需要，一般变形主要来源于柔性铰链，其余连接处的变形可以忽略不计。支链与各个铰链的结点不是独立的，它们是支链6个独立参量的函数，并且满足两铰链的连接件位移一致。根据这个条件，得出支链运动学约束关系。

如图6-8所示，坐标系 F_1-xyz 相对于系统坐标系 $P-xyz$ 的变换矩阵为 ${}^{P}_{F_1}\boldsymbol{R}$，点 F_1 在系统坐标系 $P-xyz$ 下的坐标为 $(x_{F_1}, y_{F_1}, z_{F_1})^{\mathrm{T}}$ 时，则变换矩阵 ${}^{P}_{F_1}\boldsymbol{R}$ 可以表示为：

$${}^{P}_{F_1}\boldsymbol{R} = \begin{bmatrix} c\alpha c\beta & c\alpha s\beta s\gamma - s\alpha c\gamma & c\alpha sc + s\alpha c\gamma & x_A \\ s\alpha c\beta & s\alpha s\beta s + c\alpha c & s\alpha s\beta c\gamma - c\alpha s\gamma & y_A \\ -s\beta & c\beta s\gamma & c\beta c\gamma & z_A \\ 0 & 0 & 0 & 1 \end{bmatrix} \tag{6-21}$$

F_1 的运动姿态位置发生微小变动（即 $\delta\alpha, \delta\beta, \delta\gamma, \delta x_{F_1}, \delta y_{F_1}, \delta z_{F_1}$），由坐标系 $F_1'-x'y'z'$ 到坐标系 A_1-xyz 的变换矩阵为 ΔR，其近似表达式为：

$$\Delta\boldsymbol{R} = \begin{bmatrix} 1 & -\delta\alpha & \delta\beta & \delta x_F \\ \delta\alpha & 1 & -\delta\gamma & \delta y_F \\ -\delta\beta & \delta\gamma & 1 & \delta z_F \\ 0 & 0 & 0 & 1 \end{bmatrix} \tag{6-22}$$

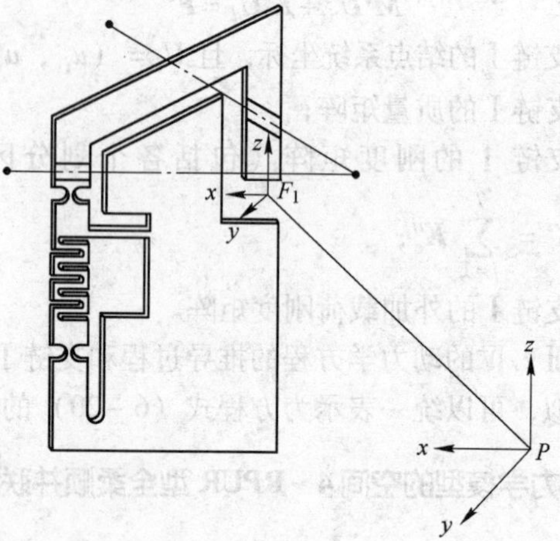

图6-8 F_1 与支链的约束关系

由坐标系 $F_1'-x'y'z'$ 到坐标系 B_1-xyz 的变换矩阵为：

$$T_1 = {}_{F_1'}^{P}RT = \Delta R_{F_1}^{P} RR(\Phi) \tag{6-23}$$

这里的 Φ 为不同值，$i=1$ 时，$\Phi=0$；$i=2$ 时，$\Phi=90°$；$i=3$ 时，$\Phi=180°$；$i=4$ 时，$\Phi=270°$。

设图6-8中的点 F_1 和 F_1' 在坐标系 P_1-xyz 下的坐标分别为 $(x_{F_1}, y_{F_1}, z_{F_1})^{\mathrm{T}}$ 和 $(x_{F_1'}, y_{F_1'}, z_{F_1'})^{\mathrm{T}}$，$\begin{pmatrix} x_{F_1'} \\ y_{F_1'} \\ z_{F_1'} \\ 1 \end{pmatrix}_{A'} = \begin{pmatrix} x_{F_1} \\ y_{F_1} \\ z_{F_1} \\ 1 \end{pmatrix}_{A}$，因此，有：

$$\begin{pmatrix} \Delta x_{F_1} \\ \Delta y_{F_1} \\ \Delta z_{F_1} \end{pmatrix} = \begin{bmatrix} 1 & 0 & 0 & 0 & z_{F_1} & -y_{FA_1} \\ 0 & 1 & 0 & -z_{F_1} & 0 & x_{F_1} \\ 0 & 0 & 1 & y_{F_1} & -x_{F_1} & 0 \end{bmatrix} \begin{pmatrix} \delta x_{F_1} \\ \delta y_{F_1} \\ \delta z_{F_1} \\ \delta\gamma \\ \delta\beta \\ \delta\alpha \end{pmatrix} \tag{6-24}$$

由式（6-24）可以得到由 U_{F_i} 和 U_{P_i} 表示 F 与支链之间运动学约

束条件为：

$$U_{F_i}=\begin{bmatrix}1 & 0 & 0 & 0 & z_{F_1} & -y_{F_1}\\ 0 & 1 & 0 & -z_{F_1} & 0 & x_{F_1}\\ 0 & 0 & 1 & y_{F_1} & -x_F & 0\end{bmatrix}U_{P_i}$$

或者简记为：

$$U_{F_i}=J_iU_{P_i}\quad i=1,2,3 \tag{6-25}$$

式中 U_{F_i}——支链Ⅰ中F_i（$i=1$，2，3）点的弹性位移矢量；

U_{P_i}——各支链由于弹性变形引起的动平台的位移改变量；

J_i——系统运动学约束条件矩阵。

6.3.2.2 支链刚度分析

取系统的广义坐标 $U_i^*=[u_{i1},u_{i2},\cdots,u_{i11},u_{i12},u_1,u_2,\cdots,u_6]^{\mathrm T}$，则由系统的动力学约束方程式（6-25），可以得到

$$U_i=R_iU_i^* \tag{6-26}$$

$$U_i=[u_{i1},u_{i2},\cdots,u_{i15}]$$

$$R_i=\begin{bmatrix}[I]_{9\times9} & 0 & 0\\ 0 & 0 & [J]_{3\times6}\\ 0 & [I]_{3\times3} & 0\end{bmatrix}_{15\times18}$$

把式（6-26）代入式（6-20），得

$$M^1R_i\ddot{U}_i^*+K^iR_iU_i^*=F^i \tag{6-27}$$

左乘矩阵 $R_i^{\mathrm T}$ 得

$$R_i^{\mathrm T}M^1R_i\ddot{U}_i^*+R_i^{\mathrm T}K^iR_iU_{B_1}=R_i^{\mathrm T}F^i \tag{6-28}$$

令 $M=R_1^{\mathrm T}M^1B_0R_1$，$K_i=R_1^{\mathrm T}K^iB_0R_1$，$F=R_i^{\mathrm T}F^i$，则式（6-28）可改写为：

$$M\ddot{U}_i^*+K_iU_i^*=F \tag{6-29}$$

将式（6-29）中 K_i 分解为如下形式：

$$K_i=\begin{bmatrix}[K_i^{11}]_{4\times4} & [K_i^{12}]_{4\times14}\\ [K_i^{21}]_{14\times4} & [K_i^{22}]_{14\times14}\end{bmatrix}_{18\times18}$$

6.3.2.3 整体刚度分析

将各支链的动力学方程式（6 - 20）装配到一起，形成系统的无阻尼弹性动力学方程为：

$$M\ddot{U} + KU = F \tag{6-30}$$

其中

$$K = \begin{bmatrix} K_1^{11} & 0 & 0 & 0 & K_1^{12} \\ 0 & K_2^{11} & 0 & 0 & K_2^{12} \\ 0 & 0 & K_3^{11} & 0 & K_3^{12} \\ 0 & 0 & 0 & K_4^{11} & K_4^{12} \\ K_1^{21} & K_2^{21} & K_3^{21} & K_4^{21} & \sum_{i=1}^{4} K_i^{22} \end{bmatrix}_{30\times 30}$$

式中 U——系统广义坐标列阵；

M——系统的总质量矩阵；

K——系统的总刚度矩阵；

F——系统广义力列阵。

6.4 空间 4 - RPUR 型全柔顺并联机构弹性变形

对动平台的几何中心施加一个外载荷 $F = [500, -500, 500]^T$，则动平台中心处的变形为：

$$\begin{bmatrix} dz_0 \\ d\varphi_x \\ d\varphi_y \\ d\varphi_z \end{bmatrix} = K^{-1}\begin{bmatrix} F \\ T \end{bmatrix} \tag{6-31}$$

计算得出动平台的应变为：$\begin{bmatrix} dz_0 \\ d\varphi_x \\ d\varphi_y \\ d\varphi_z \end{bmatrix} = \begin{bmatrix} 0.258 \\ 0.139 \\ -0.2334\times 10^{-2} \\ -0.317\times 10^{-2} \end{bmatrix}$

上式中应变的单位为 μm，角度的单位为 μrad。

6.4.1 基于 ANSYS 软件空间 4 - RPUR 型全柔顺并联机构弹性变形仿真

通过 SolidWorks 及 ANSYS 软件对上述 4 - RPUR 型全柔顺并联机构进行建模仿真分析。首先应用 SolidWorks 软件建立机构的立体模型，然后将模型导入 ANSYS 软件中进行仿真分析。

在 ANSYS 软件仿真过程中，采用 Solid95 单元作为结构实体单元，设置网格尺寸为 0.04 划分网格，机构的材料选用 65Mn（弹簧钢），其弹性模量为 207GPa，泊松比为 0.3，密度为 7850kg/m^3。

将 4 - RPUR 型全柔顺并联机构的三维模型导入 ANSYS 后，对模型进行前处理，步骤为：定义机构材料属性、单元类型，进行网格划分。在施加约束时，定机构固定基座自由度为 0，x 轴、y 轴、z 轴分别施加 500N、500N、500N 的外力，4 - RPUR 型全柔顺并联机构的结构变形图如图 6 - 9 所示。

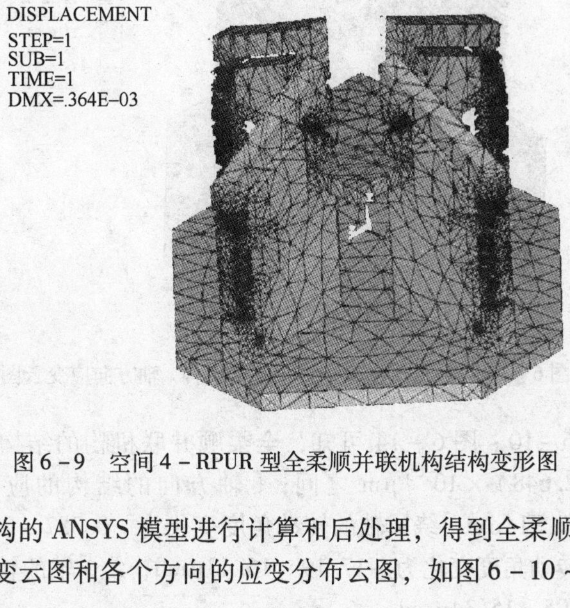

图 6 - 9 空间 4 - RPUR 型全柔顺并联机构结构变形图

对机构的 ANSYS 模型进行计算和后处理，得到全柔顺并联机构结构总应变云图和各个方向的应变分布云图，如图 6 - 10 ~ 图 6 - 14 所示。

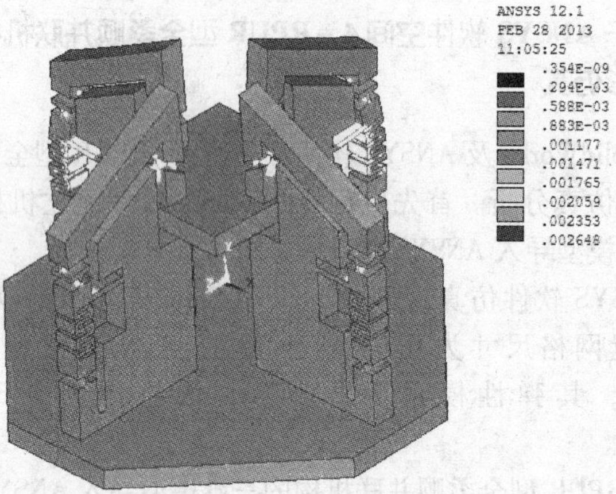

图 6 – 10　空间 4 – RPUR 型全柔顺并联机构总应变云图

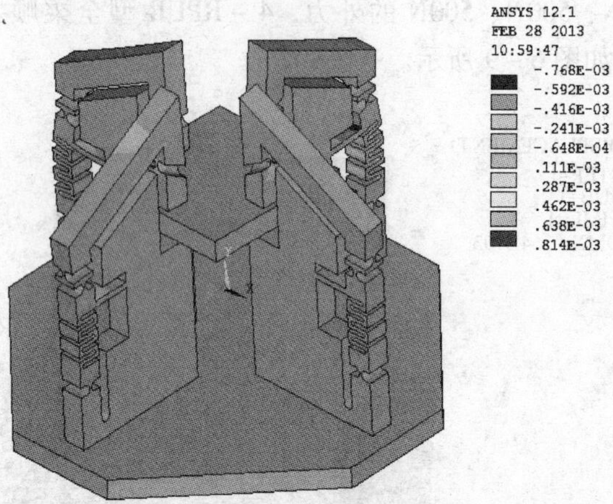

图 6 – 11　4 – RPUR 型全柔顺并联机构 z 轴方向应变云图

由图 6 – 10 ~ 图 6 – 14 可知，全柔顺并联机构的结构总应变在 $(0.354 \sim 2.648) \times 10^{-3}\ \mu m$ 之间；z 轴方向的结构的应变变形为 $-0.768 \sim 0.814\mu m$，绕 x 轴的转动角度变化为 $-0.387 \sim 0.376\mu rad$，绕 y 轴的转动角度变化为 $-17.19 \sim 16.43\mu rad$，绕 z 轴的转动角度变化为 $-17.95 \sim 15.34\mu rad$。

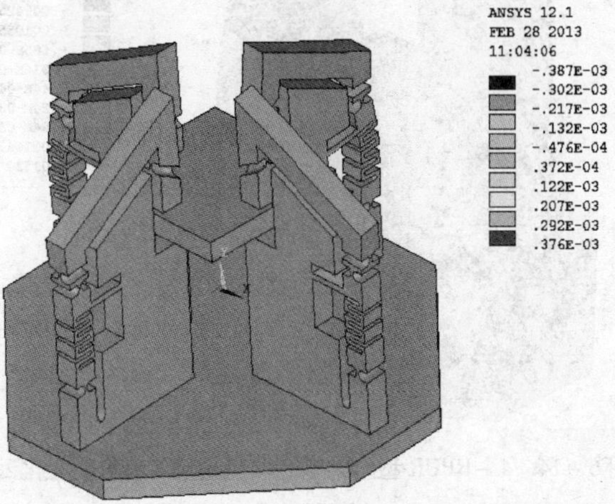

图 6 – 12　4 – RPUR 型全柔顺并联机构绕 x 轴角度变化云图

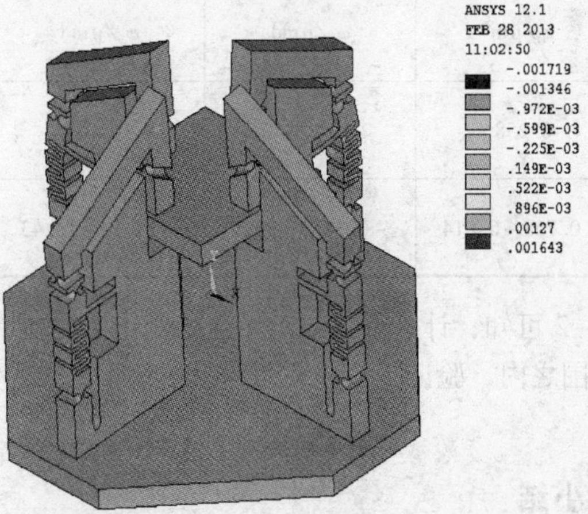

图 6 – 13　4 – RPUR 型全柔顺并联机构绕 y 轴角度变化云图

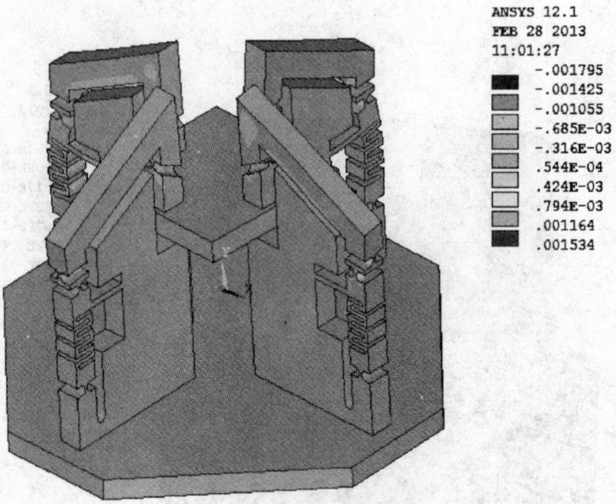

图6－14　4－RPUR型全柔顺并联机构绕 z 轴角度变化云图

6.4.2　理论计算与仿真结果对比分析

由式（6－31）得出动平台绕 x 轴、y 轴和 z 轴的转动角度以及沿 z 轴方向的应变，与ANSYS软件分析对比如表6－2所示。

表6－2　理论计算位移及角度改变量与仿真结果对比

位移及角度变化	z_0/μm	φ_x/μrad	φ_y/μrad	φ_z/μrad
理论计算值	0.258	0.139	-0.2334×10^{-2}	-0.317×10^{-2}
ANSYS仿真结果	−0.768 ~ 0.814	−0.387 ~ 0.376	−17.19 ~ 16.43	−17.95 ~ 15.34

由表6－2可知，计算得出的动平台的变化值均在ANSYS软件仿真结果的范围之内，验证了这种利用动力学计算全柔顺并联刚度方法的正确性。

6.5　本章小结

本章给定4－RPUR型空间1个平移3个转动对称并联机构，并以此为原型，按照全柔顺精密定位平台的设计方法及原则，设计出4－RPUR型全柔顺并联机构。

（1）根据动力学方程求全柔顺并联机构的刚度。首先，根据单元动力学方程、单元刚度矩阵、单元铰链刚度矩阵、坐标变换等理论，得出4－RPUR型支链的刚度；其次，经过装配等过程得出4－RPUR型机构的整体刚度；最后，利用虚功原理和代入参数得出全柔顺并联机构在 z 轴方向的应变和绕 x 轴、y 轴、z 轴的转角的具体数值。

（2）验证所计算的数值的正确性。用SolidWorks软件建立全柔顺并联机构模型，应用ANSYS软件对其进行仿真，得出机构在施加载荷下所产生的应变，即全柔顺并联机构在 z 轴方向的应变和绕 x 轴、y 轴、z 轴转角的数值区间。

（3）将计算数值和ANSYS仿真得出的数值进行对比，得出计算的数值和仿真得出的数值具有相同的数量级，并且计算的结果处于仿真结果的区间内，说明所设计求解刚度的方法是正确的。

7　空间 3 – RPS 型全柔顺并联机构模糊 PID 控制

机器人控制性能的优劣直接反映了机器人技术水平的高低，控制性能好，则所能实现的技术要求就更高。相比传统的串联机器人，并联机器人有很多不同之处，它是一个多输入多输出、非线性、强耦合的复杂多变系统，控制过程中存在许多不确定的干扰因素，从而会引起被控量值的变化，进而影响机构的正常运动，如机械摩擦、振动、环境等。同时对于并联机器人，很难求出其精确的数学模型，因而寻求一种不依靠动力学模型就能达到高精度的控制算法是一件非常有意义的事情。选择不同的控制算法，其控制所达到的效果会有所差异。目前，随着研究对象越来越趋于复杂化，一般的控制算法很难达到人们的控制精度要求，因而，并联机器人控制系统的研究也朝着智能化方向发展。在并联机器人控制的研究中，轨迹跟踪精度是并联机器人控制精度中的重要指标之一，其性能直接反映了控制精度的高低。因此，对并联机器人进行轨迹跟踪控制研究是其实现高精度、快速响应控制运动必不可少的过程。

本章主要针对常规 PID 控制、模糊控制、模糊 PID 控制三种控制分别设计其控制器，为全柔顺并联机构控制系统设计奠定理论基础。

7.1　空间 3 – RPS 型柔顺并联机构动力学分析

7.1.1　位置分析

建立空间 3 – RPS 型柔顺并联机构支链坐标系 $A_i - x_i y_i z_i$，x、y、z 轴的方向分别为：x 轴方向为 OA_i 的延长线方向；z 轴方向为沿驱动杆的方向；y 轴方向由右手螺旋法则来确定，如图 7 – 1 所示。

根据向量运算法则（如图 7 – 2 所示），可得出如下关系式：

$$\boldsymbol{a}_i + \boldsymbol{d}_i \boldsymbol{s}_i = \boldsymbol{P} + \boldsymbol{b}_i \tag{7-1}$$

式中，$\boldsymbol{s}_i$ 表示在固定坐标系下 z_i 轴的单位向量（$i=1, 2, 3$）。

结合向量模运算，则有：

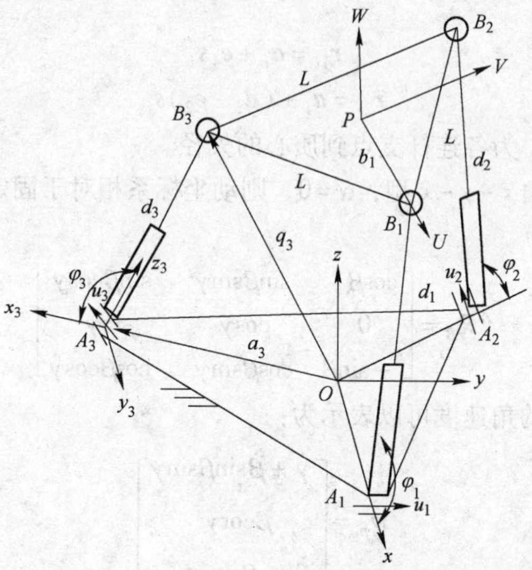

图 7-1　空间 3-RPS 型柔顺并联机构坐标系的建立

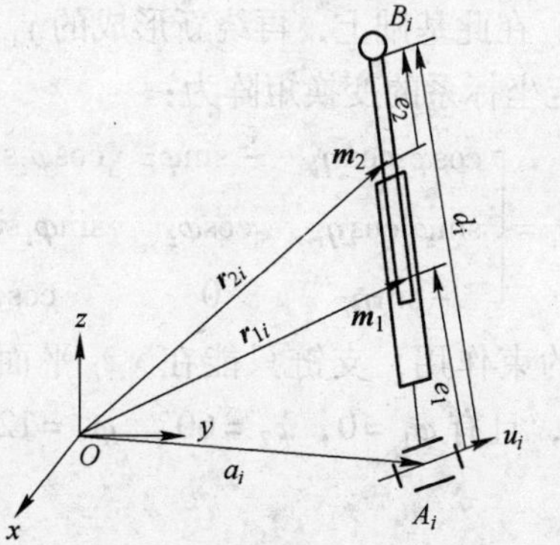

图 7-2　空间 3-RPS 型柔顺并联机构等效结构示意图（$\boldsymbol{m}_1$ 和 $\boldsymbol{m}_2$ 为连杆质量）

$$\boldsymbol{d}_i = \| \boldsymbol{P} + \boldsymbol{b}_i - \boldsymbol{a}_i \| \tag{7-2}$$

$$\boldsymbol{s}_i = (\boldsymbol{P} + \boldsymbol{b}_i - \boldsymbol{a}_i) / \boldsymbol{d}_i \tag{7-3}$$

由于是动力学分析，需考虑机构的质量，则在固定坐标系中，对支链进行分析，结合图 7-2 可知，支链固定杆和驱动杆的质心位置矢量分别为：

$$\boldsymbol{r}_{1i}=\boldsymbol{a}_i+\boldsymbol{e}_1\boldsymbol{s}_i \tag{7-4}$$

$$\boldsymbol{r}_{2i}=\boldsymbol{a}_i+(\boldsymbol{d}_i-\boldsymbol{e}_2)\boldsymbol{s}_i \tag{7-5}$$

式中，$\boldsymbol{e}_1$，$\boldsymbol{e}_2$ 为各连杆支点到质心的矢径。

取欧拉角 $z-y-x$ 型，$\alpha=0$，则动坐标系相对于固定坐标方向余弦矩阵为：

$$^{A}\boldsymbol{R}_B=\begin{bmatrix}\cos\beta & \sin\beta\sin\gamma & \sin\beta\cos\gamma\\ 0 & \cos\gamma & \sin\gamma\\ -\sin\beta & \cos\beta\sin\gamma & \cos\beta\cos\gamma\end{bmatrix} \tag{7-6}$$

动平台的角速度可以表示为：

$$\boldsymbol{w}_p=\begin{bmatrix}\dot{\gamma}+\dot{\beta}\sin\beta\sin\gamma\\ \dot{\beta}\mathrm{cor}\gamma\\ \dot{\beta}\cos\beta\sin\gamma\end{bmatrix} \tag{7-7}$$

式中，$\dot{\beta}$，$\dot{\gamma}$ 分别为 β，γ 对时间求导。

固定坐标系经过两次旋转变换可得到支链坐标系 $A_i-x_iy_iz_i$：先绕 z 轴旋转 φ_i 角，在此基础上，再绕新形成的 y_1 轴旋转 η_i 角，则支链坐标系相对固定坐标系的变换矩阵为：

$$^{A}\boldsymbol{R}_i=\begin{bmatrix}\cos\varphi_i\cos\eta_i & -\sin\varphi_i & \cos\varphi_i\sin\eta_i\\ \sin\varphi_i\cos\eta_i & \cos\varphi_i & \sin\varphi_i\sin\eta_i\\ -\sin\eta_i & 0 & \cos\eta_i\end{bmatrix} \tag{7-8}$$

由于转动副约束作用，支链只能在 x_iz_i 平面内转动，转轴为 y_i 轴，则 φ_i 为定值，且有 $\varphi_1=0$，$\varphi_2=60°$，$\varphi_3=120°$。根据坐标变换，则有：

$$\boldsymbol{s}_i={}^{A}\boldsymbol{R}_i\ [0,\ 0,\ 1]^{\mathrm{T}}=\begin{bmatrix}\cos\varphi_i\sin\eta_i\\ \sin\varphi_i\sin\eta_i\\ \cos\eta_i\end{bmatrix} \tag{7-9}$$

7.1.2 速度与加速度分析

根据上述位置分析，式（7-1）右边对时间求导可得 B_i 在固定坐标系下的速度为：

$$\boldsymbol{v}_{Bi}=\boldsymbol{v}_p+\boldsymbol{w}_p\times\boldsymbol{b}_i \tag{7-10}$$

因 $\boldsymbol{v}_{Bi}={}^A\boldsymbol{R}_i{}^i\boldsymbol{v}_{Bi}$，则有：

$$ {}^i\boldsymbol{v}_{Bi}={}^i\boldsymbol{R}_A\boldsymbol{v}_{Bi} \tag{7-11}$$

式中，${}^i\boldsymbol{v}_{Bi}$ 表示 B_i 在 $A_i-x_iy_iz_i$ 坐标系下的速度。

对式（7-1）左边求导可得

$$ {}^i\boldsymbol{v}_{Bi}=\dot{\boldsymbol{d}}_i{}^i\boldsymbol{s}_i+\boldsymbol{d}_i{}^i\boldsymbol{w}_i\times{}^i\boldsymbol{s}_i \tag{7-12}$$

式中，${}^i\boldsymbol{w}_i$，${}^i\boldsymbol{s}_i$ 分别表示在 $A_i-x_iy_iz_i$ 坐标系下支链的角速度和 z_i 轴单位向量。

对式（7-12）两边做向量运算可化简得

$$\begin{cases}\dot{\boldsymbol{d}}_i={}^i\boldsymbol{v}_{Biz}\\ {}^i\boldsymbol{w}_{\mathrm{i}}=\dfrac{1}{\boldsymbol{d}_i}({}^i\boldsymbol{v}_{Bi}\times{}^i\boldsymbol{s}_i)=\dfrac{1}{\boldsymbol{d}_i}\begin{bmatrix}-{}^i\boldsymbol{v}_{B_{iy}}\\ {}^i\boldsymbol{v}_{B_{ix}}\\ 0\end{bmatrix}\end{cases} \tag{7-13}$$

式（7-13）中，由于支链只能绕 y_i 轴转动，则${}^i\boldsymbol{v}_{Bi}$在 y_i 轴上的分量为零，即${}^i\boldsymbol{v}_{Biy}=0$。

分别将式（7-4）及式（7-5）对时间求导，并依据上述分析将所求得的值化简，则支链固定杆质心和驱动杆质心在 $A_i-x_iy_iz_i$ 坐标系下的速度为：

$$ {}^i\boldsymbol{v}_{1i}=\boldsymbol{e}_1{}^i\boldsymbol{w}_i\times{}^i\boldsymbol{s}_i=\frac{\boldsymbol{e}_1}{\boldsymbol{d}_i}\begin{bmatrix}{}^i\boldsymbol{v}_{Bix}\\ 0\\ 0\end{bmatrix} \tag{7-14}$$

$$ {}^i\boldsymbol{v}_{2i}=(\boldsymbol{d}_i-\boldsymbol{e}_2){}^i\boldsymbol{w}_i\times{}^i\boldsymbol{s}_i+\dot{\boldsymbol{d}}_i{}^i\boldsymbol{s}_i=\frac{1}{\boldsymbol{d}_i}\begin{bmatrix}(\boldsymbol{d}_i-\boldsymbol{e}_2){}^i\boldsymbol{v}_{Bix}\\ 0\\ \dot{\boldsymbol{d}}_i{}^i\boldsymbol{v}_{Biz}\end{bmatrix} \tag{7-15}$$

式中，${}^i\boldsymbol{v}_{Bix}$，${}^i\boldsymbol{v}_{Biy}$，${}^i\boldsymbol{v}_{Biz}$表示${}^i\boldsymbol{v}_{Bi}$分别在 x_i，y_i，z_i 轴上的分量。

对式（7-10）求导可得 B_i 在固定坐标系下的加速度为：

$$\dot{\boldsymbol{v}}_{Bi}=\dot{\boldsymbol{v}}_p+\dot{\boldsymbol{w}}_p\times\boldsymbol{b}_i+\boldsymbol{w}_p\times(\boldsymbol{w}_p\times\boldsymbol{b}_i) \tag{7-16}$$

则有：

$$^{i}\dot{\boldsymbol{v}}_{Bi}={}^{i}\boldsymbol{R}_{A}\dot{\boldsymbol{v}}_{Bi} \tag{7-17}$$

对式（7 – 12）两边求导同样也有：

$$^{i}\dot{\boldsymbol{v}}_{Bi}=\ddot{\boldsymbol{d}}_{i}{}^{i}\boldsymbol{s}_{i}+\boldsymbol{d}_{i}{}^{i}\dot{\boldsymbol{w}}_{i}\times{}^{i}\boldsymbol{s}_{i}+\boldsymbol{d}_{i}{}^{i}\boldsymbol{w}_{i}\times({}^{i}\boldsymbol{w}_{i}\times{}^{i}\boldsymbol{s}_{i})+2\dot{\boldsymbol{d}}_{i}{}^{i}\boldsymbol{w}_{i}\times{}^{i}\boldsymbol{s}_{i} \tag{7-18}$$

化简可得

$$\begin{cases}\ddot{\boldsymbol{d}}_{\mathbf{i}}={}^{i}\dot{\boldsymbol{v}}_{Biz}+\boldsymbol{d}_{i}\ \|{}^{i}\boldsymbol{w}_{i}\|^{2}={}^{i}\dot{\boldsymbol{v}}_{Biz}+{}^{i}\dot{\boldsymbol{v}}_{Bix}/\boldsymbol{d}_{i}\\ {}^{i}\dot{\boldsymbol{w}}_{i}=\dfrac{1}{\boldsymbol{d}_{i}}({}^{i}\boldsymbol{s}_{i}\times{}^{i}\dot{\boldsymbol{v}}_{Bi})-\dfrac{2\dot{\boldsymbol{d}}_{i}}{\boldsymbol{d}_{i}}{}^{i}\boldsymbol{w}_{i}=\dfrac{1}{\boldsymbol{d}_{i}^{2}}\begin{bmatrix}0\\ \boldsymbol{d}_{i}{}^{i}\dot{\boldsymbol{v}}_{Bix}-2{}^{i}\boldsymbol{v}_{Biz}{}^{i}\boldsymbol{v}_{Bix}\\ 0\end{bmatrix}\end{cases} \tag{7-19}$$

分别将式（7 – 14）及式（7 – 15）对时间求导，并依据上述分析所求得的值化简可得支链固定杆质心和驱动杆质心在 $A_i-x_iy_iz_i$ 坐标系下的加速度为：

$$^{i}\dot{\boldsymbol{v}}_{1i}=\boldsymbol{e}_{1}{}^{i}\dot{\boldsymbol{w}}_{i}\times{}^{i}\boldsymbol{s}_{i}+\boldsymbol{e}_{1}{}^{i}\boldsymbol{w}_{i}\times({}^{i}\boldsymbol{w}_{i}\times{}^{i}\boldsymbol{s}_{i})=\frac{\boldsymbol{e}_{1}}{\boldsymbol{d}_{i}^{2}}\begin{bmatrix}\boldsymbol{d}_{1}\dot{\boldsymbol{v}}_{Bix}-2{}^{i}\boldsymbol{v}_{Biz}{}^{i}\boldsymbol{v}_{Bix}\\ -({}^{i}\boldsymbol{v}_{Bix}{}^{2}+{}^{i}\boldsymbol{v}_{Biy}{}^{2})\end{bmatrix} \tag{7-20}$$

$$\begin{aligned}^{i}\dot{\boldsymbol{v}}_{2i}&=\ddot{\boldsymbol{d}}^{i}\boldsymbol{s}_{i}+(\boldsymbol{d}_{i}-\boldsymbol{e}_{2})^{i}\dot{\boldsymbol{w}}_{i}\times{}^{i}\boldsymbol{s}_{i}+(\boldsymbol{d}_{i}-\boldsymbol{e}_{2})^{i}\boldsymbol{w}_{i}\times({}^{i}\boldsymbol{w}_{i}\times{}^{i}\boldsymbol{s}_{i})+2\dot{\boldsymbol{d}}_{i}{}^{i}\boldsymbol{w}_{i}\times{}^{i}\boldsymbol{s}_{i}\\ &=\frac{1}{\boldsymbol{d}_{i}^{2}}\begin{bmatrix}\boldsymbol{d}_{i}(\boldsymbol{d}_{i}-\boldsymbol{e}_{2})^{i}\dot{\boldsymbol{v}}_{Bix}+2\boldsymbol{e}_{2}{}^{i}\boldsymbol{v}_{Biz}{}^{i}\boldsymbol{v}_{Bix}\\ \boldsymbol{d}_{i}^{2i}\dot{\boldsymbol{v}}_{Biz}+\boldsymbol{e}_{2}{}^{i}\boldsymbol{v}_{Bix}^{2}\end{bmatrix}\end{aligned} \tag{7-21}$$

7.1.3 动力学方程的建立

首先以 $B_1B_2B_3$ 为研究对象，在动坐标系下，根据牛顿 – 欧拉方程原理可得到动平台的力矩平衡方程：

$$^{B}\boldsymbol{n}_{p}={}^{B}\boldsymbol{I}_{p}{}^{B}\dot{\boldsymbol{w}}_{p}+{}^{B}\boldsymbol{w}_{p}\times({}^{B}\boldsymbol{I}_{p}{}^{B}\boldsymbol{w}_{p})=\sum_{i=1}^{3}\boldsymbol{b}_{i}\times{}^{B}\boldsymbol{f}_{Bi}+{}^{B}\boldsymbol{N} \tag{7-22}$$

式中，$^{B}\boldsymbol{n}_{p}$，$^{B}\boldsymbol{I}_{p}$，$^{B}\dot{\boldsymbol{w}}_{p}$，$^{B}\boldsymbol{w}_{p}$ 分别表示在动坐标系下，$B_1B_2B_3$ 的质心所受的合力矩、惯性矩阵、角加速度和角速度；$^{B}\boldsymbol{f}_{Bi}$ 表示动平台受到第 i 支

链对其施加的作用力；$^{B}\boldsymbol{N}$ 表示动平台所受到的外力矩。

动平台的力平衡方程为：

$$\sum_{i=1}^{3}{}^{A}\boldsymbol{f}_{Bi}+\boldsymbol{m}_{p}{}^{A}\boldsymbol{g}+{}^{A}\boldsymbol{F}=\boldsymbol{m}_{p}{}^{A}\dot{\boldsymbol{v}}_{p} \tag{7-23}$$

式中，$^{A}\boldsymbol{f}_{Bi}$，$^{A}\boldsymbol{g}$，$^{A}\boldsymbol{F}$，$^{A}\dot{\boldsymbol{v}}_{p}$ 分别表示在固定坐标系下，该支链对动平台的力、系统的重力加速度、动平台所受的外力和动平台的加速度，其中$^{A}\boldsymbol{g}=[0,\ 0,\ -g]^{\mathrm{T}}$。

设$^{i}\boldsymbol{f}_{Bi}$表示在支链坐标系下，动平台对支链的作用力，则该支链作用在动平台上的力在固定坐标系下和动坐标系下分别表示为：

$$^{A}\boldsymbol{f}_{Bi}=-{}^{A}\boldsymbol{R}_{i}{}^{i}\boldsymbol{f}_{Bi} \tag{7-24}$$

$$^{B}\boldsymbol{f}_{Bi}={}^{B}\boldsymbol{R}_{A}{}^{A}\boldsymbol{f}_{Bi}=-{}^{B}\boldsymbol{R}_{i}{}^{i}\boldsymbol{f}_{Bi} \tag{7-25}$$

联立式（7-6）、式（7-8）、式（7-22）、式（7-24）、式（7-25），由于动平台关于其质心的惯性积为零，且 $\boldsymbol{I}_{pu}=\boldsymbol{I}_{pv}$，则有：

$$\sum_{i=1}^{3}\left[\boldsymbol{b}_{iv}(\boldsymbol{a}_{31}{}^{i}\boldsymbol{f}_{Bix}+\boldsymbol{a}_{32}{}^{i}\boldsymbol{f}_{Biy}+\boldsymbol{a}_{33}{}^{i}\boldsymbol{f}_{Biz})\right]+{}^{B}\boldsymbol{N}_{Pu}=\boldsymbol{I}_{pu}\dot{\boldsymbol{w}}_{pu}-\boldsymbol{w}_{pu}\boldsymbol{w}_{pw}(\boldsymbol{I}_{pv}-\boldsymbol{I}_{pw}) \tag{7-26}$$

$$\sum_{i=1}^{3}\left[-\boldsymbol{b}_{iu}(\boldsymbol{a}_{31}{}^{i}\boldsymbol{f}_{Bix}+\boldsymbol{a}_{32}{}^{i}\boldsymbol{f}_{Biy}+\boldsymbol{a}_{33}{}^{i}\boldsymbol{f}_{Biz})\right]+{}^{B}\boldsymbol{N}_{Pv}=\boldsymbol{I}_{pv}\dot{\boldsymbol{w}}_{pv}-\boldsymbol{w}_{pw}\boldsymbol{w}_{pu}(\boldsymbol{I}_{pw}-\boldsymbol{I}_{pu}) \tag{7-27}$$

$$\sum_{i=1}^{3}\left[\boldsymbol{b}_{iv}(\boldsymbol{a}_{21}{}^{i}\boldsymbol{f}_{Bix}+\boldsymbol{a}_{22}{}^{i}\boldsymbol{f}_{Biy}+\boldsymbol{a}_{23}{}^{i}\boldsymbol{f}_{Biz})-\boldsymbol{b}_{iv}(\boldsymbol{a}_{11}{}^{i}\boldsymbol{f}_{Bix}+\boldsymbol{a}_{12}{}^{i}\boldsymbol{f}_{Biy}+\boldsymbol{a}_{13}{}^{i}\boldsymbol{f}_{Biz})\right]+{}^{B}\boldsymbol{N}_{Pw}=\boldsymbol{I}_{pw}\dot{\boldsymbol{w}}_{pw} \tag{7-28}$$

式中，右下标中的 u，v，w 分别用来指明该量是在动坐标系下 U，V，W 轴上的分量值；$\boldsymbol{I}_{p}$ 表示 $B_1B_2B_3$ 对于其质心的主惯性矩；$^{B}\boldsymbol{w}_{p}$ 表示动坐标系 $P-UVW$ 下动平台的角速度矢量，$^{B}\boldsymbol{w}_{p}=[\boldsymbol{w}_{pu},\ \boldsymbol{w}_{pv},\ \boldsymbol{w}_{pw}]$。

式（7-26）~式（7-28）可变形为：

$$\sum_{i=1}^{3}({}^{i}\boldsymbol{f}_{Bix}\cos\varphi_{i}\cos\eta_{i}-{}^{i}\boldsymbol{f}_{Biy}\sin\varphi_{i}+{}^{i}\boldsymbol{f}_{Biz}\cos\varphi_{i}\sin\eta_{i})+{}^{A}\boldsymbol{F}_{x}=0 \tag{7-29}$$

$$\sum_{i=1}^{3}({}^{i}\boldsymbol{f}_{Bix}\sin\varphi_i\cos\eta_i+{}^{i}\boldsymbol{f}_{Biy}\cos\varphi_i+{}^{i}\boldsymbol{f}_{Biz}\sin\varphi_i\sin\eta_i)+{}^{A}\boldsymbol{F}_{y}=0 \tag{7-30}$$

$$\sum_{i=1}^{3}(-{}^{i}\boldsymbol{f}_{Bix}\sin\eta_i+{}^{i}\boldsymbol{f}_{Biz}\cos\eta_i)+{}^{A}\boldsymbol{F}_{z}=\boldsymbol{m}_p\dot{\boldsymbol{v}}_{pz}+\boldsymbol{m}_p\boldsymbol{g} \tag{7-31}$$

联立式（7－26）~式（7－31）可求得${}^{i}\boldsymbol{f}_{Biy}$和${}^{i}\boldsymbol{f}_{Biz}$，根据机构力平衡关系，则 3－RPS 型并联机构所需驱动力和约束力矩分别为：

$$\boldsymbol{\tau}_i={}^{i}\boldsymbol{f}_{Biz}+\boldsymbol{m}_2\boldsymbol{g}\cos\eta_i+\boldsymbol{m}_2{}^{i}\dot{\boldsymbol{v}}_{2ix} \tag{7-32}$$

$$\boldsymbol{M}_i={}^{i}\boldsymbol{M}_{Aix}=\boldsymbol{d}_i{}^{i}\boldsymbol{f}_{Biy} \tag{7-33}$$

式中，${}^{i}\boldsymbol{M}_{Aix}$表示在 $A_i-x_iy_iz_i$ 坐标系下，动平台作用于该支链下的约束力矩在 x_i 轴上的分量。

以支链为研究对象，在支链坐标系下，同理，根据牛顿－欧拉方程原理有：

$${}^{i}\boldsymbol{n}_{Ai}=\frac{\mathrm{d}}{\mathrm{d}t}({}^{i}\boldsymbol{h}_{Ai}) \tag{7-34}$$

式中，${}^{i}\boldsymbol{n}_{Ai}$，${}^{i}\boldsymbol{h}_{Ai}$分别表示在 $A_i-x_iy_iz_i$ 支链坐标系下，作用于 A_i 点的合外力矩和该支链关于 A_i 点的合角动量，其计算表达式如下：

$$\begin{aligned}{}^{i}\boldsymbol{n}_{A_i}=&\boldsymbol{d}_i{}^{i}\boldsymbol{s}_i\times(-{}^{i}\boldsymbol{f}_{Bi})+[\boldsymbol{m}_1\boldsymbol{e}_1+\boldsymbol{m}_2(\boldsymbol{d}_1-\boldsymbol{e}_2)]\\&({}^{i}\boldsymbol{s}_i\times{}^{i}\boldsymbol{R}_A{}^{A}\boldsymbol{g})+{}^{i}\boldsymbol{M}_{Ai}\end{aligned} \tag{7-35}$$

$${}^{i}\boldsymbol{h}_{A_i}=\boldsymbol{m}_1\boldsymbol{e}_1({}^{i}\boldsymbol{s}_i\times{}^{i}\boldsymbol{v}_{1i})+\boldsymbol{m}_2(\boldsymbol{d}_i-\boldsymbol{e}_2)({}^{i}\boldsymbol{s}_i\times{}^{i}\boldsymbol{v}_{2i})+{}^{i}\boldsymbol{I}_{1i}{}^{i}\boldsymbol{w}_i+{}^{i}\boldsymbol{I}_{2i}{}^{i}\boldsymbol{w}_i \tag{7-36}$$

式中，${}^{i}\boldsymbol{I}_{1i}$，${}^{i}\boldsymbol{I}_{2i}$分别表示支链固定杆和驱动杆关于其质心的转动惯量。

对式（7－36）求导：

$$\begin{aligned}\frac{\mathrm{d}}{\mathrm{d}t}({}^{i}\boldsymbol{h}_{Ai})=&\boldsymbol{m}_1\boldsymbol{e}_1({}^{i}\boldsymbol{s}_i\times{}^{i}\dot{\boldsymbol{v}}_{1i})+\boldsymbol{m}_2(\boldsymbol{d}_i-\boldsymbol{e}_2)({}^{i}\boldsymbol{s}_i\times{}^{i}\dot{\boldsymbol{v}}_{2i})+{}^{i}\boldsymbol{I}_{1i}{}^{i}\dot{\boldsymbol{w}}_i+{}^{i}\boldsymbol{w}_i\times\\&({}^{i}\boldsymbol{I}_{1i}{}^{i}\boldsymbol{w}_i)+{}^{i}\boldsymbol{I}_{2i}{}^{i}\dot{\boldsymbol{w}}_i+{}^{i}\boldsymbol{w}_i\times({}^{i}\boldsymbol{I}_{2i}{}^{i}\boldsymbol{w}_i)\end{aligned} \tag{7-37}$$

联立式（7－34）、式（7－35）及式（7－37）得

$$\begin{aligned}{}^{i}\boldsymbol{f}_{Bix}=\frac{1}{\boldsymbol{d}}&[\boldsymbol{m}_1\boldsymbol{e}_1\boldsymbol{g}\sin\eta_i+\boldsymbol{m}_2(\boldsymbol{d}_i-\boldsymbol{e}_2)\boldsymbol{g}\cdot\sin\eta_i-\boldsymbol{m}_1\boldsymbol{e}_1{}^{i}\dot{\boldsymbol{v}}_{1ix}-\\&\boldsymbol{m}_2(\boldsymbol{d}_i-\boldsymbol{e}_2){}^{i}\dot{\boldsymbol{v}}_{2ix}-\boldsymbol{I}_{1iy}{}^{i}\dot{\boldsymbol{w}}_{iy}-\boldsymbol{I}_{2iy}{}^{i}\dot{\boldsymbol{w}}_{iy}]\end{aligned} \tag{7-38}$$

式中，$\boldsymbol{I}_{1iy}$，$\boldsymbol{I}_{2iy}$分别表示支链固定杆和驱动杆关于其质心的主惯性矩在 y_i 轴上的分量值。

从而求得 $B_1B_2B_3$ 对支链的作用力${}^i\boldsymbol{f}_{Bi}=[{}^i\boldsymbol{f}_{Bix},{}^i\boldsymbol{f}_{Biy},{}^i\boldsymbol{f}_{Biz}]^{\mathrm{T}}$。

7.2 轨迹规划

轨迹是指机构在运动过程中各部分位置在变化过程中所形成的路径。在并联机器人控制中，根据作用来分，轨迹分为期望轨迹和实际运动轨迹。轨迹规划所形成的轨迹，即期望轨迹，是指根据机器人所要达到的运动要求，通过标准的计算公式计算出机构预期所形成的标准的运动轨迹。实际运动轨迹是指机构本身在考虑存在外界因素的情况下，其实际运动过程中所形成的路径。

例如，对于并联机器人，轨迹规划是根据给定动平台的位置变化，通过标准计算公式计算出驱动杆标准的位置、速度、加速度的变化轨迹，其计算过程实质上就是并联机器人运动学逆解的求解过程。而实际运动轨迹是指并联机构驱动杆在考虑外界因素的情况下，其实际位置、速度、加速度的变化轨迹，该过程实质上属于并联机器人运动学正解的过程。轨迹规划的方法主要有插值法和解析法。

轨迹规划的步骤如下：

（1）根据并联机器人所要达到预期的运动要求，给定动平台的参考输入。

（2）运用并联机器人运动学逆解过程，根据运动学逆解计算公式，通过软件将其过程在计算机中实现。

（3）仿真生成期望轨迹。

本节针对 3 - RPS 型并联机器人，以驱动副的实际位置变化轨迹作为跟踪轨迹进行轨迹跟踪控制，因此，在轨迹规划中，首先给定动平台的位置变化参数，根据 3 - RPS 型并联机器人运动学逆解计算过程，采用 MATLAB 软件中的 Simulink 模块建立其运动学逆解模型，采用计算机实现其标准的计算过程，再进行仿真，生成 3 支路驱动副的期望轨迹。具体分析过程如下：

（1）给定动平台的参考输入。假设动平台在 MATLAB 软件中的标准参考输入为：P 点的坐标为（0，0，0.2sin(4t)），EulerXYZ（$\frac{\pi}{16}$ sin（4t）+$\frac{\pi}{18}$，$\frac{\pi}{16}$sin（4t）+$\frac{\pi}{18}$，0）。在 MATLAB 软件中实现如图 7 - 3所示。

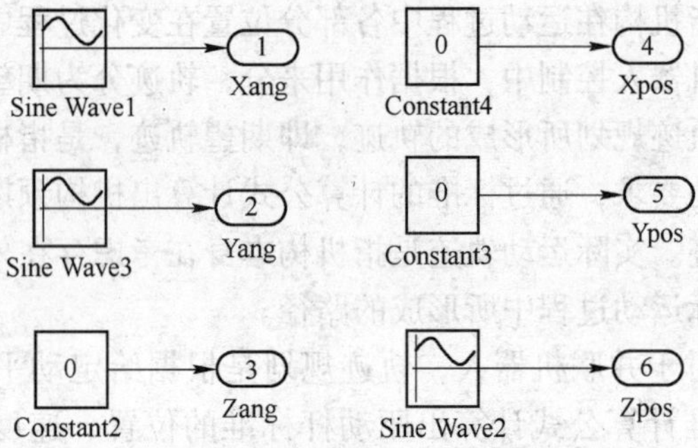

图 7 - 3　动平台参考输入

图 7 - 3 中，Xang，Yang，Zang 分别表示动平台输入的欧拉角 α，β，γ。Xpos，Ypos，Zpos 分别表示动平台 P 点的位置坐标在 x 轴、y 轴、z 轴值的输入。

（2）基于理论计算的 3 - RPS 型并联机构建模。基于运动学分析中的运动学逆解计算公式，建立 3 - RPS 型并联机构模型，如图 7 - 4 所示。

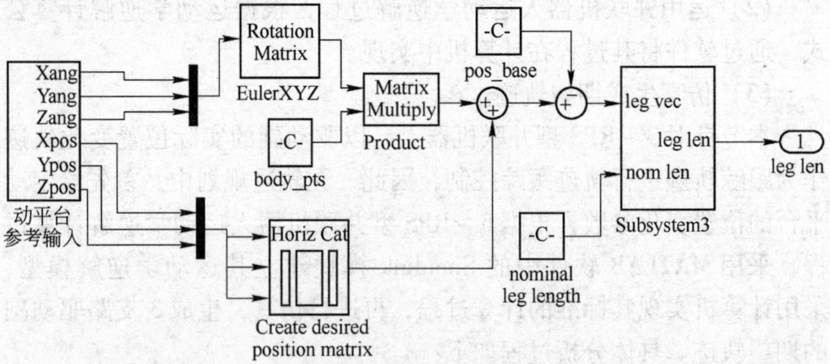

图 7 - 4　3 - RPS 型并联机构模型

（3）期望输出轨迹。对已建好的模型进行仿真，仿真时间为10s，得出三支路驱动副的期望轨迹变化曲线，如图7－5～图7－7所示。

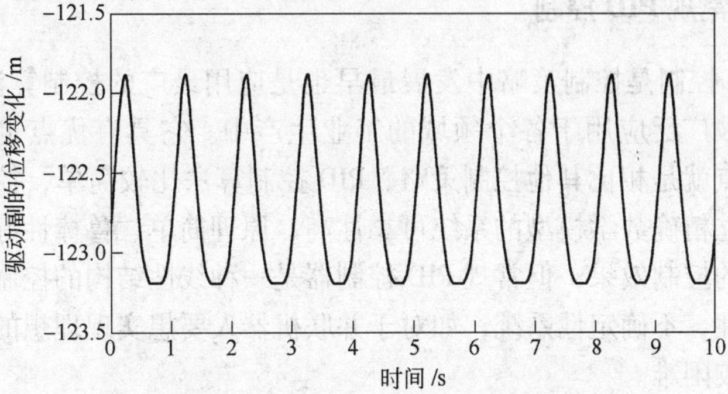

图7－5 支路A驱动副期望轨迹

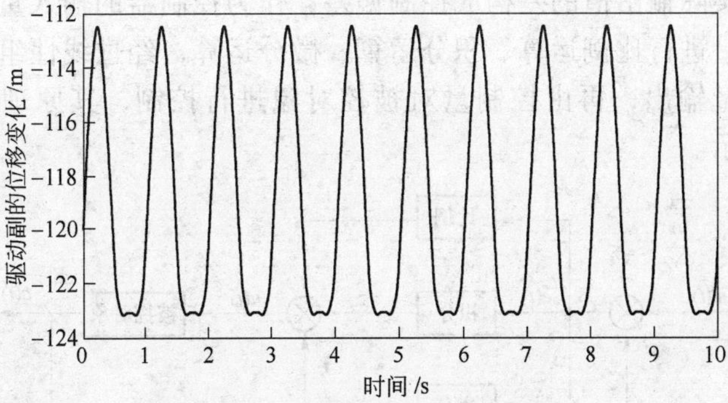

图7－6 支路B驱动副期望轨迹

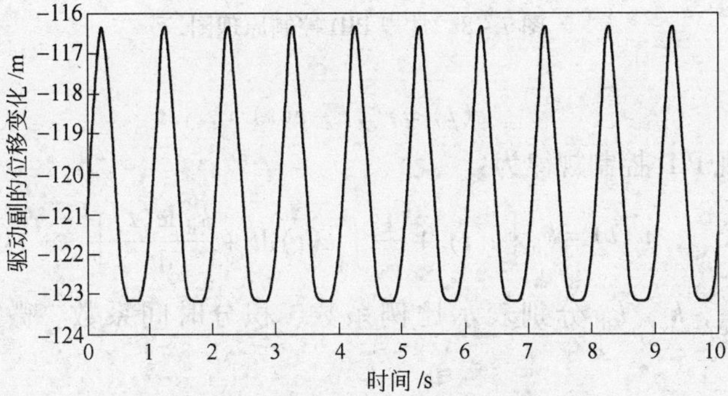

图7－7 支路C驱动副期望轨迹

7.3 模糊PID控制理论

7.3.1 常规PID控制

PID控制是控制策略中发展最早也是应用最广的控制算法之一，至今仍被广泛应用于各个领域的工业生产中。它具有优点也存在缺点：优点就是相比其他控制策略，PID控制算法比较简单，控制一般的可建立精确数学模型的系统可靠性高、原理简单、鲁棒性好，能达到理想的控制效果；但常规PID控制器是一种线性结构的控制，而对于非线性、不确定性系统，如对于并联机器人要想实现理想的控制效果就比较困难。

PID控制的控制原理，是在理想状态下由计算公式所得到的期望值和实际输出值的差构成控制偏差，作为控制器的输入量，再对其输入量进行比例运算、积分运算、微分运算，经过线性组合合并成控制量输出，再由控制量对被控对象进行控制，其原理图如图7-8所示。

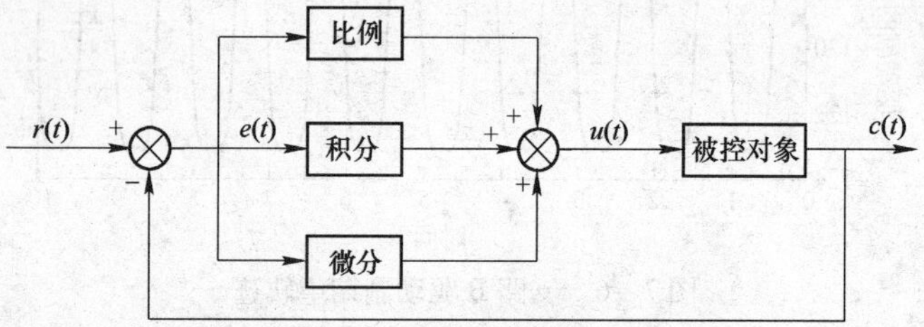

图7-8 常规PID控制原理图

$$e(t)=r(t)-c(t) \tag{7-39}$$

常规PID控制规律为：

$$u(t)=k_p\left[e(t)+\frac{1}{k_i}\int_0^t e(t)\,\mathrm{d}t+\frac{k_d\mathrm{d}e(t)}{\mathrm{d}t}\right] \tag{7-40}$$

式中，k_p，k_i，k_d 分别表示比例系数、积分时间系数、微分时间系数。

在PID控制中，k_p，k_i，k_d 的作用分别描述如下。

（1）比例系数：对于输入的偏差信号经过比例环节，成比例地改变系统输入，比例系数与系统的响应速度、调节精度成正比关系。系统响应速度和调节精度在一定范围内会随着 k_p 的增大而增大；但太大，超过了一定范围时，也易产生超调现象，过小，又达不到实际所要求的调节精度，同时使调节时间变长，从而使系统静态、动态特性变差，影响其控制效果。k_p 不同值的影响效果如图 7-9所示。

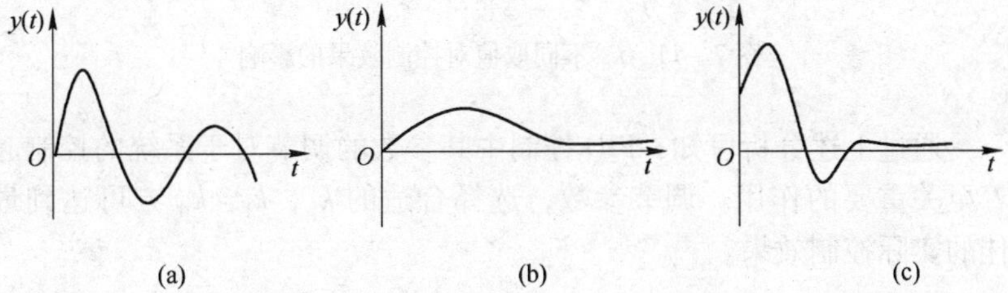

图 7-9　k_p 不同取值对控制效果的影响

（2）积分系数：能够有效地消除静态误差，从而提高无差度。系统的稳态误差随着 k_i 的变化而变化，当 k_i 增大时，系统的稳态误差减小，但过大或过小，也会产生相反的作用，过大时，会出现积分饱和现象，过小时，静态误差难以消除。k_i 不同值的影响效果如图 7-10所示。

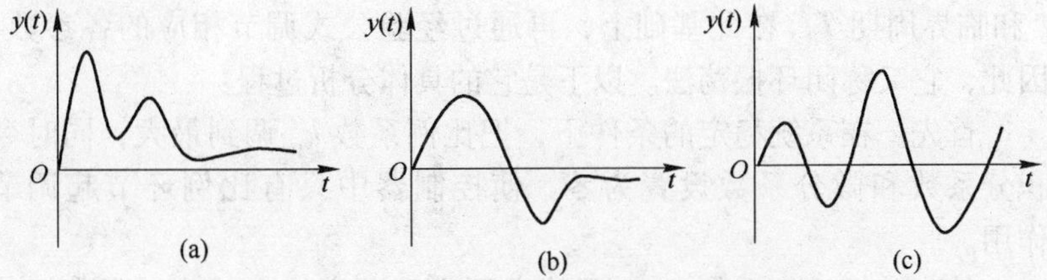

图 7-10　k_i 不同取值对控制效果的影响

（3）微分系数：能够有效提高系统的动态特性，充分反映偏差信号的变化趋势。在响应过程中，对偏差变化进行提前预报，同时引入一个修正信号，以提高系统的响应速度。但 k_d 不能过大，过大时，会出现提前制动的现象，致使调节时间延长，同时其抗干扰能力也会降低。k_d 不同值的影响效果如图7-11所示。

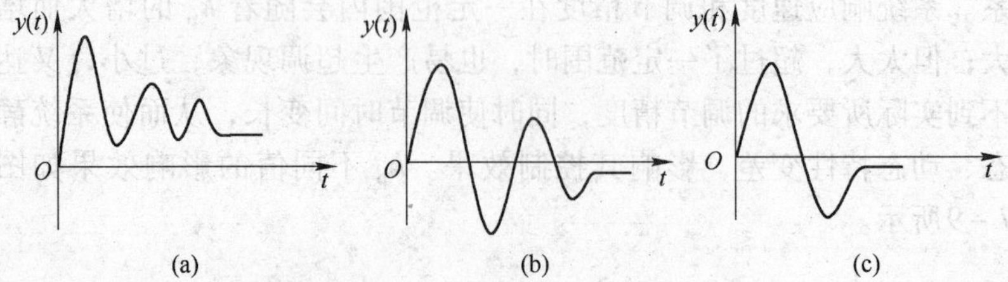

图7-11 k_d 不同取值对控制效果的影响

通过上述分析可知，PID控制中其参数的调节对于系统的控制起着至关重要的作用。调节参数，选择合适的 k_p，k_i，k_d 方可达到最佳的实际控制效果。

7.3.2 参数整定法

目前，PID控制主要用于一些工程控制系统中某些物理量的控制，如流量、湿度等。在这些控制中，参数的选择非常重要，只有选择合适的PID参数，才能达到高精度的控制效果。常用方法主要有临界比例度法、衰减曲线法、经验凑试法。

7.3.2.1 临界比例度法

临界比例度法是通过观察波形发生等幅振荡时，得出临界比例度 ζ 和临界周期 T，在此基础上，再通过经验公式调节相应的各参数，因此，它又称闭环振荡法。以下是它的具体分析过程：

首先，在系统稳定的条件下，把比例系数 k_p 调到最大，同时令积分系数和微分系数设置为零，使控制器中只有比例环节起调节作用。

其次，把比例系数 k_p 按照从大到小的顺序依次减小，观察振荡曲线是衰减的还是发散的。当振荡曲线呈衰减状态，此时比例系数应该继续保持减小；当振荡曲线呈发散状态，此时比例系数应该放大。

再次，经过反复调试，观察振荡曲线的变化，当振荡曲线出现连续4~5次等幅振荡时，此时 $\frac{1}{k_p}$ 的值就是我们要求的临界比例度 ζ。

再通过观察振荡，来回振荡一次，即两个波峰之间的时间间隔的值就是临界周期 T。得出 ζ 和 T 两个值后，根据经验公式就可求出 k_p，k_i，k_d 的值，如表 7－1 所示。

表 7－1 临界比例度法

控制方式	比例度 ζ	积分系数 k_i	微分系数 k_d
比例	2ζ		
比例＋积分	2.2ζ	$0.85T$	
比例＋微分	1.8ζ		$0.1T$
比例＋积分＋微分	1.7ζ	$0.5T$	$0.125T$

7.3.2.2 衰减曲线法

衰减曲线法与临界比例度法参数整定方法基本相似，两种方法前两步骤都一样，不同之处在于第三步。

衰减曲线法第三步为：经过反复调试，当振荡曲线出现 4:1 的衰减比时，比例度为 ζ''，衰减周期为 T'，再根据衰减曲线法的经验计算公式即可求出各参数值，如表 7－2 所示。

表 7－2 衰减曲线法（4:1）

控制方式	比例度 ζ''	积分系数 k_i	微分系数 k_d
比例	ζ''		
比例＋积分	$1.2\zeta''$	$0.5T'$	
比例＋积分＋微分	$0.8\zeta''$	$0.3T'$	$0.1T'$

当按 4:1 的衰减比进行衰减时，其产生的振荡依然过强，则可采用 10:1 的衰减比，其方法大致相同，当曲线呈 10:1 的衰减比衰减时，得到此时的比例度为 ζ_1 和上升时间 T_1，即曲线第一次达到波峰所用的时间值，再根据 10:1 的衰减比的计算方法求出各参数，如表7－3所示。

表 7－3 衰减曲线法（10:1）

控制方式	比例度 ζ_1	积分系数 k_i	微分系数 k_d
比例	ζ_1		
比例＋积分	$1.2\zeta_1$	$2T_1$	
比例＋积分＋微分	$0.8\zeta_1$	$1.2T_1$	$0.4T_1$

7.3.2.3 经验凑试法

经验凑试法顾名思义就是凭借多年的实践生产经验对各参数进行凑试，直到达到理想的控制效果。其最大的特点就是方法比较简单，缺点就是需要多年的实际生产经验，在调试过程中也需花费大量的时间，并且很难达到最好的控制效果。经验凑试法的各经验数据如表 7 - 4 所示。

表 7 - 4 经验凑试法

被控对象	特 点	比例系数 k_p	积分系数 k_i	微分系数 k_d
流 量	k_p 要大，k_i 要小，一般不用微分	40 ~ 100	0.3 ~ 1.0	
压 力	一般不用微分	30 ~ 70	0.4 ~ 3.0	
温 度	k_p 要小，k_i 要大，一般需要微分	20 ~ 60	3.0 ~ 10	0.5 ~ 3.0
液 位	一般不用微分	20 ~ 80		

在实际生产中，对已调节好的 PID 控制器，若生产环境、生产工艺、被控对象等其中任何一项发生改变，改变了控制器原来的控制环境，其控制效果都会发生改变，都需要重新调整 PID 参数，才能够达到理想的控制效果。因此，PID 控制器参数的整定是实际生产过程中必不可少的过程。

7.3.3 模糊控制

模糊控制从提出到发展至今，概括起来可以分为以下三个时期：

（1）形成期。1965 年，美国的 L. A. Zedeh 教授创立了模糊集合论，该理论结合了经典集合理论和多值逻辑理论，并通过运用函数或数字工具，表述并运算了纯属主观意义的模糊概念。随后，模糊算法、模糊决策、模糊排序也相继提出，1973 年，L. A. Zedeh 教授再次提出运用模糊规则来描述模糊语言变量，并首次提出将模糊理论运用到控制领域中去，从而产生了模糊控制。

（2）发展期。1974 年，英国教授 E. H. Mamdani 开发了一种新型蒸汽机，该蒸汽机最大的特点就是其控制系统应用了模糊控制；1976年，D. V. Nautal Lemke 等人在多变量非线性控制热水厂中应用模糊集合论对其进行热交换控制；1977 年，Mamdani 等人在马路十字路口的交通管理中应用模糊理论进行控制等。

（3）高性能期。随着生产技术水平的提高，模糊控制的应用也得到了更广泛的推广，模糊控制进入了高性能要求的发展阶段。特别是一些很难求出其精度的数学模型的被控对象，如在家用电器领域、炼钢领域、经济领域以及人文科学领域等，模糊控制则可以充分发挥其优点，用模糊语言来描述其控制规则，很方便地实现高精度的控制要求。同时，随着计算技术的飞速发展，出现很多模糊控制的相关硬件系统，从而更加推动了模糊控制的应用和发展。

7.3.3.1 模糊控制原理

模糊控制，是以模糊语言变量、模糊逻辑推理及模糊集合为基础，由论域映射到论域的非线性控制，属于智能控制算法的一种。它具有被控对象不需要有精确的数学模型、易于接受、鲁棒性和适应性好等优点。

模糊控制原理图如图 7－12 所示。

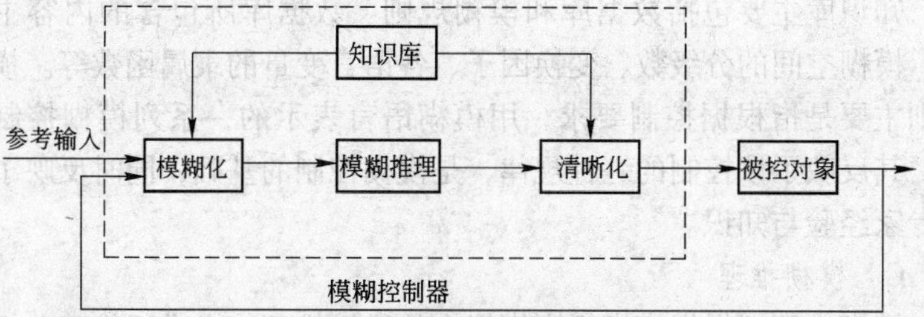

图 7－12 模糊控制原理图

A 模糊化

一般对于系统的参考输入都是清晰量，与模糊控制器所要求的量是不相符的，因此，模糊控制的第一步骤就是将这些输入的清晰量进行处理，然后把处理后的输入量按照一定的比例进行变换，变换到模糊控制器中所对应的论域中。输入量的每一个值与模糊论域中的每一个模糊量是一一映射的关系。

模糊化的过程中主要包括三个方面的确定：模糊子集个数的确定、模糊子集的分布情况、隶属函数类型的选取。

模糊子集个数的过多过少都不利于系统的控制：数目过少，控制过程中不易达到较高的控制精度，从而不能满足控制要求；数目过多，虽然控制精度有可能得到提高，但由于模糊规则的数目是随着模糊子集数目的增加而增加的，因而会导致系统的运算量大大增加，进而使系统的反应速度明显下降。因此，应当适当地选取模糊子集数目。根据经验，模糊子集的数目一般取3~5比较合适，这样既可以避免数目的过多而导致的运算速度的降低，又可以满足控制精度的要求。

模糊子集分布情况一般需满足三个要求：完备性、一致性、交互性。

隶属函数的选取一般没有一致的标准，它的选取完全取决于设计者的习惯、运算过程中的方便程度、被控对象的不同情况。模糊子集与隶属函数是相对应的，确定了模糊子集，其隶属函数也一定确定了。由于模糊论域分离散的或连续的，则隶属函数也分离散的或连续的两种形式。常用的几种隶属函数为：三角形、高斯形、Z形、S形等。

B 知识库

知识库主要包括数据库和模糊规则。数据库所包含的内容主要有：模糊空间的分级数、变换因子、各语言变量的隶属函数等。模糊规则主要是指根据控制要求，用模糊语言表示的一系列模糊控制语句，其反映了该控制的一种规律，是模糊控制的基础，同时反映了控制专家经验与知识。

C 模糊推理

模糊推理即根据模糊规则模拟人的思维推理能力进行推理分析判断，是模糊控制器中的核心部分。

D 清晰化

清晰化是模糊化的逆过程，其作用是将模糊控制的模糊量变换成实际论域范围内的清晰量，能够被被控对象所识别，以便对被控对象进行控制。

常用的几种清晰化方法有面积中心法（centroid）、面积平分法（bisector）、最大隶属度法（maximum）等。

7.3.3.2 模糊控制器的设计

模糊控制系统中一个非常重要的部分就是其控制器的设计。针对该并联机器人，设计其模糊控制器的主要步骤有：（1）输入输出变量的确定；（2）模糊规则的确定；（3）模糊推理和清晰化。

A 输入输出变量的确定

模糊控制根据输入输出的维数可划分为四种控制器：一维模糊控制器、二维模糊控制器、三维模糊控制器、多维模糊控制器。针对3-RPS型并联机器人，选用二输入单输出的模糊控制器。其中输入变量分别为控制器的偏差e和偏差变化率$\frac{\mathrm{d}e}{\mathrm{d}t}$，输出变量为模糊控制量$u$。输入输出变量所对应的模糊子集以及模糊论域可定义如下：

$$\{E\}=\{EC\}=\{-6,-5,-4,-3,-2,-1,0,1,2,3,4,5,6\}$$

$$\{U\}=\{-3,-2,-1,0,1,2,3\}$$

式中，$\{E\}$，$\{EC\}$，$\{U\}$的模糊子集都定义为{NB,NM,NS,ZO,PS,PM,PB}，其中各元素分别表示为{负大,负中,负小,零,正小,正中,正大}。由于三角形隶属函数控制效果最佳，因此，隶属函数类型选择三角形，则其分布如图7-13所示。

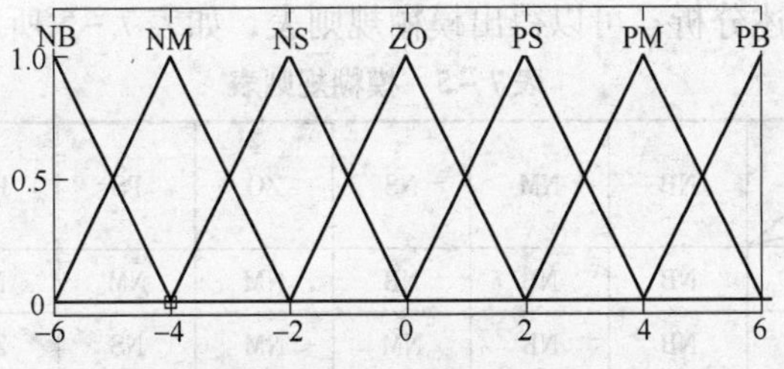

图7-13 隶属函数分布图

B 模糊规则的确定

模糊规则建立的优劣直接影响控制器控制效果的好坏，因此，其在整个模糊控制器的设计中处于核心地位。其建立的方法一般主要有两种：一种是在专家的实际操作经验的基础上总结归纳出来的；还有一种是对系统进行实验测试，通过分析测试所得的实验数据总结归纳出来的。模糊规则表述形式一般有三种：语言型、表格型和公式型。

现采用表格型对其模糊规则进行描述。

针对3-RPS型并联机器人，现基于专家的经验，采用对角形模糊控制器对其进行控制。对输入输出变量的模糊区域进行划分，如图7-14所示。

	PB	PM	PS	NS	NM	NB
NB		−	−	−	−	−
NM	+		−	−	−	−
NS	+	+		−	−	−
PS	+	+	+		−	−
PM	+	+	+	+		−
PB	+	+	+	+	+	

图7-14 模糊区域划分

图7-14中主要包括如下三方面信息：

（1）当输入量（e，ec）处于对角线以下的部分时，在控制系统中，输出控制量应当取正的控制作用。其大小取决于以垂直方向到对角线的距离，距离越大，控制量$|u|$也越大。

（2）当输入量（e，ec）处于对角线以上的部分时，在控制系统中，输出控制量应当取负的控制作用。其大小取决于以水平方向到对角线的距离，距离越大，控制量$|u|$也越大。

（3）当输入量（e，ec）处于对角线上时，在控制系统中，输出控制量应当取零，控制作用为零。

根据上述分析，可以得出模糊规则表，如表7-5所示。

表7-5 模糊规则表

E \ *U* \ *EC*	NB	NM	NS	ZO	PS	PM	PB
NB	NB	NB	NB	NM	NM	NS	ZO
NM	NB	NB	NM	NM	NS	ZO	PS
NS	NB	NM	NM	NS	ZO	PS	PM
ZO	NM	NM	NS	ZO	PS	PM	PM
PS	NM	NS	ZO	PS	PM	PM	PB
PM	NS	ZO	PS	PM	PM	PB	PB
PB	ZO	PS	PM	PM	PB	PB	PB

C 模糊推理和清晰化

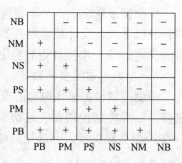

在模糊规则的基础上，经过模糊推理得出的控制量是一个模糊

量，其值不能直接对应于实际的控制当中，需要对其进行清晰化，使其能够用于实际的控制中。本节选用的推理算法为 Max - Min 算法，清晰化方法为面积中心法（centroid）。

7.4 模糊 PID 控制系统设计

7.4.1 模糊 PID 控制原理

由于在 PID 控制中，其参数调整的不确定性，大大增加了控制过程中的工作量，同时使其控制作用很难达到最佳效果。模糊 PID 控制原理就是应用模糊理论，通过分析 PID 控制参数的作用效果，建立模糊规则，运用模糊推理，使 PID 参数能够实现实时最佳参数调整。模糊 PID 控制原理图如图 7 - 15 所示。

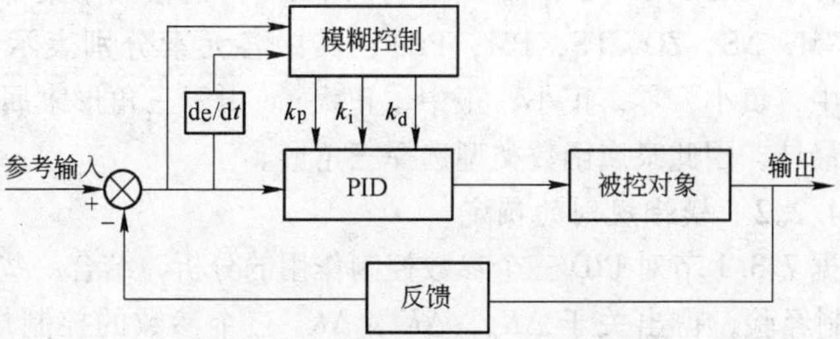

图 7 - 15 模糊 PID 控制原理图

7.4.2 模糊 PID 控制器设计

模糊 PID 控制结合了模糊控制原理和 PID 控制原理，共同作用于被控对象，已实现对被控对象的实时控制。因此，模糊 PID 控制器的设计应该同时考虑这两者来设计，使两者形成互补关系，相互弥补各自的不足之处，从而达到更好控制效果的目的。

7.4.2.1 输入输出变量的确定

由于模糊 PID 控制器主要针对 PID 的三个参考进行调整，使其能够实现参数自调整的效果，同时对于该控制器的输入，选取控制器的偏差 e 和偏差变化率 $\frac{de}{dt}$ 作为输入变量，输出为 PID 控制的三个参数：

Δk_p，Δk_i，Δk_d。因此，模糊 PID 控制器中的模糊控制器选择二输入三输出控制器，则模糊 PID 控制系统实时控制的参数 k_p，k_i，k_d 可由以下公式计算得出：

$$k_p = k_p' + \Delta k_p \tag{7-41}$$

$$k_i = k_i' + \Delta k_i \tag{7-42}$$

$$k_d = k_d' + \Delta k_d \tag{7-43}$$

式中，k_p'，k_i'，k_d' 分别为三参数的初始值。

假设将输入输出变量所对应的模糊子集以及其模糊论域定义如下：

$$\{E\} = \{EC\} = \{-6, -5, -4, -3, -2, -1, 0, 1, 2, 3, 4, 5, 6\}$$

$$\{\Delta K_p\} = \{\Delta K_i\} = \{\Delta K_d\} = \{-3, -2, -1, 0, 1, 2, 3\}$$

式中，$\{E\}$，$\{EC\}$，$\{\Delta K_p\}$，$\{\Delta K_i\}$，$\{\Delta K_d\}$ 的模糊子集都定义为 {NB，NM，NS，ZO，PS，PM，PB}，其中各元素分别表示为 {负大，负中，负小，零，正小，正中，正大}。由于三角形隶属函数控制效果最佳，因此隶属函数类型选择三角形。

7.4.2.2 模糊规则的确定

根据 7.3.1 节对 PID 三个参数控制作用的分析，结合一些专家的 PID 控制经验，得出关于 ΔK_p，ΔK_i，ΔK_d 三个参数的控制规则表，如表 7 – 6 ~ 表 7 – 8 所示。

表 7 – 6 ΔK_p 模糊规则表

ΔK_p （E \ EC）	NB	NM	NS	ZO	PS	PM	PB
NB	PB	PB	PM	PM	PS	ZO	ZO
NM	PB	PB	PM	PS	PS	ZO	NS
NS	PM	PM	PM	PS	ZO	NS	NS
ZO	PM	PM	PS	ZO	NS	NM	NM
PS	PS	PS	ZO	NS	NS	NM	NM
PM	PS	ZO	NS	NM	NM	NM	NB
PB	ZO	ZO	NM	NM	NM	NB	NB

表 7 -7 ΔK_i 模糊规则表

E \ EC (ΔK_i)	NB	NM	NS	ZO	PS	PM	PB
NB	NB	NB	NM	NM	NS	ZO	ZO
NM	NB	NB	NM	NS	NS	ZO	ZO
NS	NB	PM	NS	NS	ZO	PS	PS
ZO	NM	NM	NS	ZO	PS	PM	PM
PS	NM	NS	ZO	PS	PS	PM	PB
PM	ZO	ZO	PS	PS	PM	PB	PB
PB	ZO	ZO	PS	PM	PM	PB	PB

表 7 -8 ΔK_d 模糊规则表

E \ EC (ΔK_d)	NB	NM	NS	ZO	PS	PM	PB
NB	PS	NS	NB	NB	NB	NM	PS
NM	PS	NS	NB	NM	NM	NS	ZO
NS	ZO	NS	NM	NM	NS	NS	ZO
ZO	ZO	NS	NS	NS	NS	NS	ZO
PS	ZO	ZO	ZO	ZO	ZO	ZO	ZO
PM	PB	NS	PS	PS	PS	PS	PB
PB	PB	PM	PM	PM	PS	PS	PB

7.4.2.3 模糊推理和清晰化

对于该控制器，本节选用的推理算法为 Max - Min 算法，清晰化方法为面积中心法（centroid）。这些过程在 MATLAB 软件中都可以很容易实现。

7.5 空间 3 - RPS 型全柔顺并联机构轨迹跟踪控制

7.5.1 空间 3 - RPS 型全柔顺并联机构建模

应用 MATLAB 软件中的 SimMechanics 模块可以完整地建立起该

并联机构的结构，其结构图如图7－16和图7－17所示。

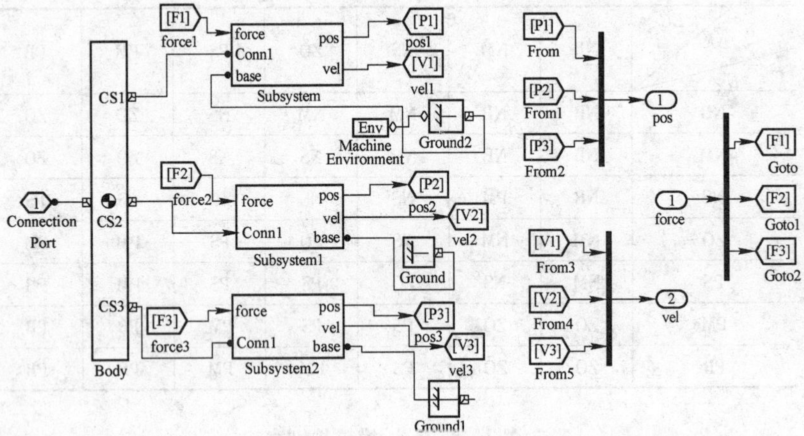

图7－16 空间3－RPS型全柔顺并联机构SimMechanics模型框图

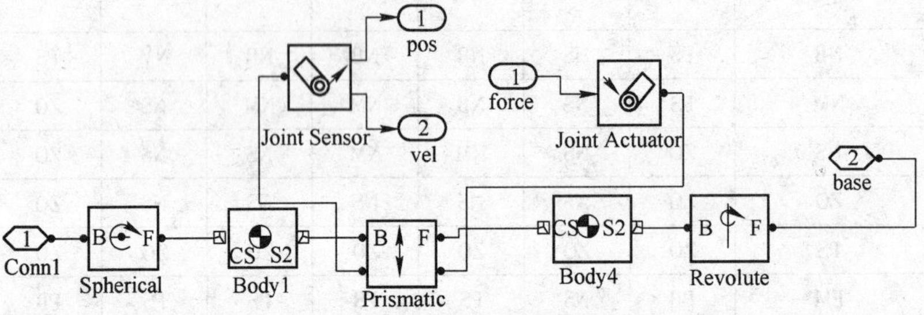

图7－17 空间3－RPS型全柔顺并联机构单支链SimMechanics模型框图

通过不断的仿真实验分析可知，被控对象无论是选择被控对象的数学模型还是通过SimMechanics模块建立的机构模型，其控制产生的效果是等效的。因此，为了方便起见，在常规PID控制中被控对象选择SimMechanics模块建立的机构模型，在模糊控制、模糊PID控制中被控对象选择数学模型。

7.5.2 空间3－RPS型全柔顺并联机构常规PID轨迹跟踪控制

7.5.2.1 操作过程

常规PID控制在MATLAB软件中的实现如图7－18和图7－19所示。

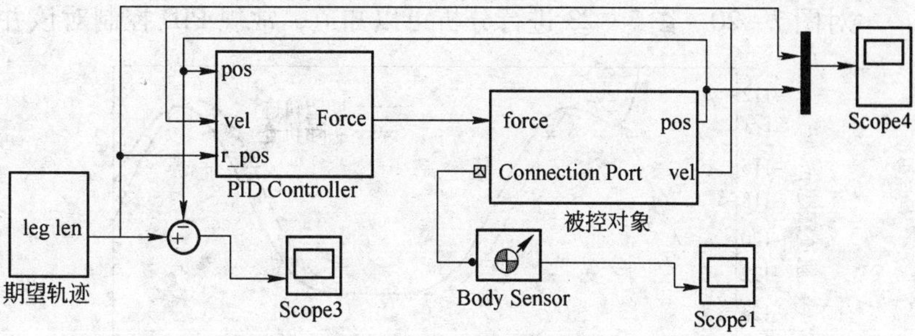

图 7－18 空间 3－RPS 型全柔顺并联机构常规 PID 轨迹跟踪控制仿真图

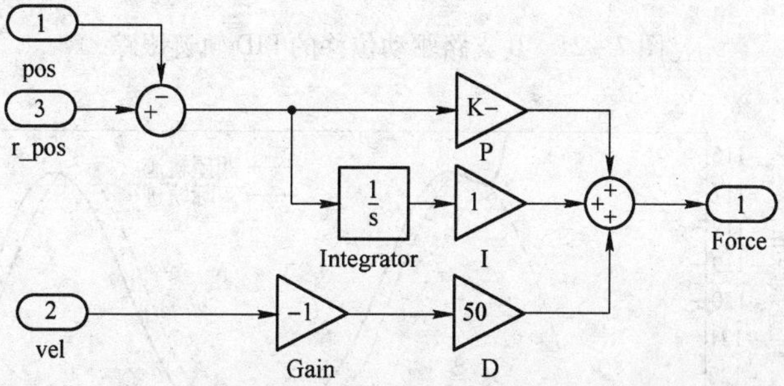

图 7－19 常规 PID 控制器图

7.5.2.2 仿真分析

依据前面对 k_p，k_i，k_d 的作用分析，采用凑试法，不断调整 PID 的各参数，直到使控制效果达到最佳状态时，$k_p = 1000$，$k_i = 1$，$k_d = 50$，仿真时间为 10s，仿真结果如图 7－20 所示。

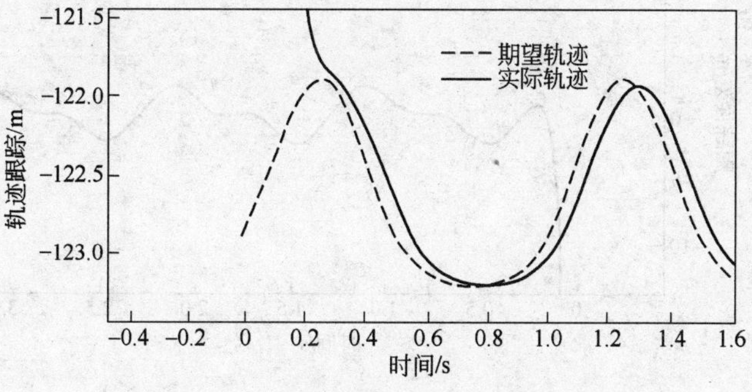

图 7－20 A 支路驱动位移 PID 轨迹跟踪

对图 7 – 20 ~ 图 7 – 23 进行分析可以知道，常规 PID 控制对该并

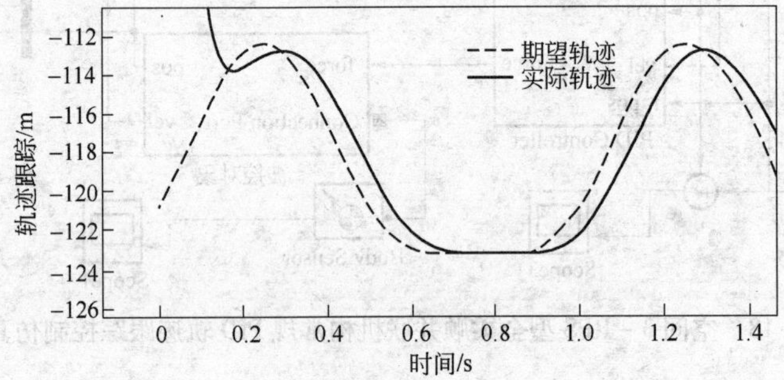

图 7 – 21 B 支路驱动位移的 PID 轨迹跟踪

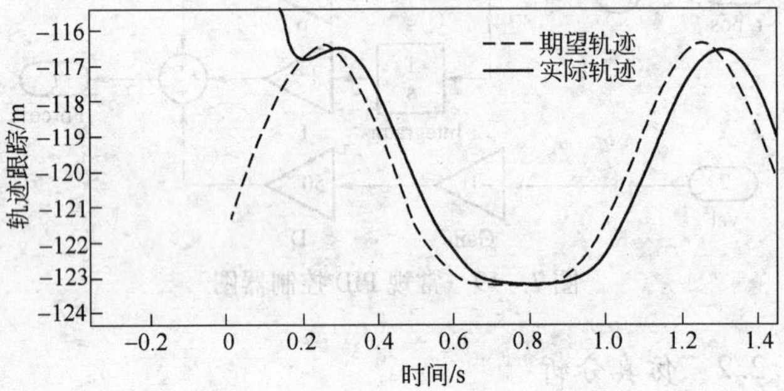

图 7 – 22 C 支路驱动位移的 PID 轨迹跟踪

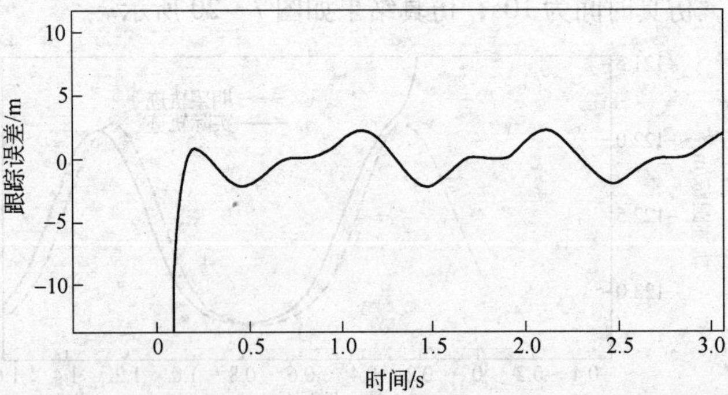

图 7 – 23 PID 轨迹跟踪误差

联机器人具有一定的控制精度，但控制精度不高，响应速度慢，跟踪效果不佳，很难满足高精度要求实时控制。

7.5.3 空间 3 – RPS 型全柔顺并联机构模糊轨迹跟踪控制

7.5.3.1 操作过程

根据 7.3.3.2 小节所设计的模糊控制器，应用 MATLAB 软件对模糊控制器进行建模，其操作方法十分方便，只需在 FIS 编辑器中进行编辑，其界面如图 7 – 24 所示。

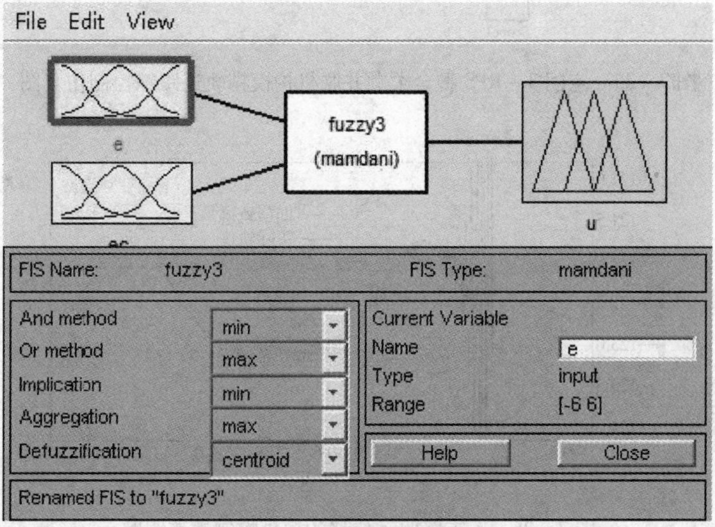

图 7 – 24 模糊控制编辑器

建立好模糊控制器，则模糊控制仿真图在 MATLAB 软件中的实现如图 7 – 25 所示。

7.5.3.2 仿真分析

根据所建立好的模糊控制仿真模型，经过不断仿真调节量化因子 k_e、k_{ec}和比例因子 k_u，使其控制效果达到最佳状态时，$k_e = 0.3 \times 10^{-3}$，$k_{ec} = 0.2 \times 10^{-7}$，$k_u = 5 \times 10^7$，仿真时间为 10s，仿真结果如图 7 – 26 ~ 图 7 – 29 所示。

分析比较常规 PID 轨迹跟踪控制与模糊控制轨迹跟踪可知，模糊控制所达到的控制精度明显高于常规 PID 控制，轨迹跟踪能力也更强，同时响应速度明显更快。

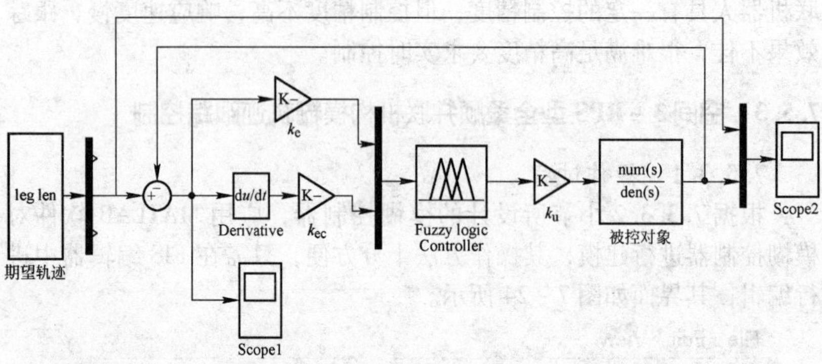

图7－25 空间3－RPS型全柔顺并联机构模糊轨迹跟踪控制仿真图

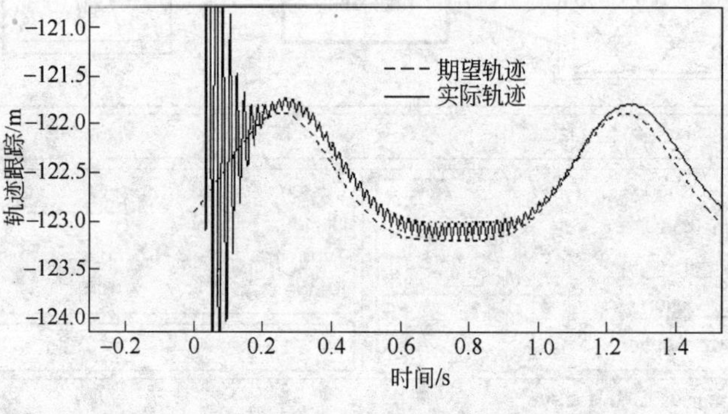

图7－26 A支路驱动位移的模糊控制轨迹跟踪

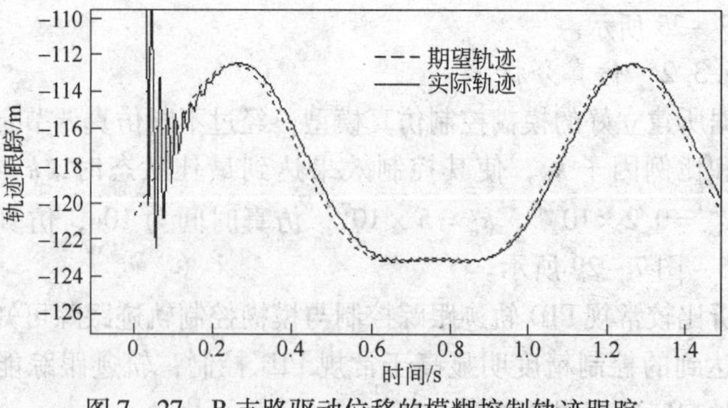

图7－27 B支路驱动位移的模糊控制轨迹跟踪

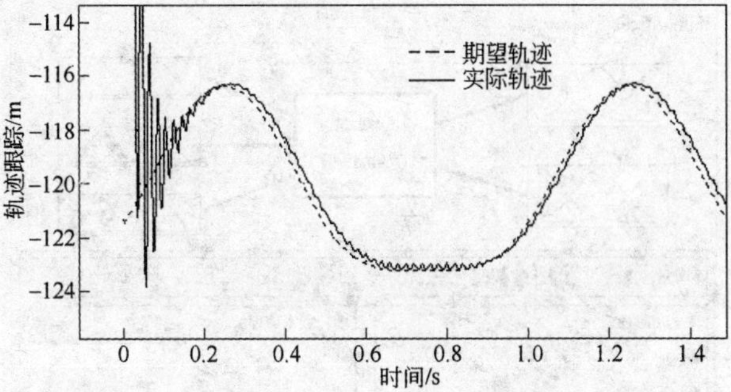

图7-28 C支路驱动位移的模糊控制轨迹跟踪

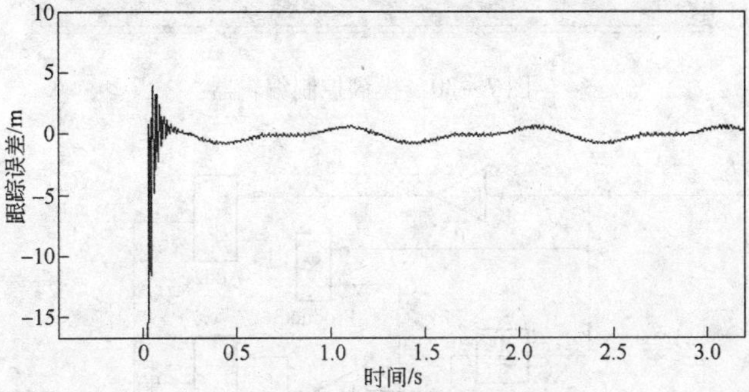

图7-29 模糊控制轨迹跟踪误差

7.5.4 空间3-RPC型全柔顺并联机构模糊PID轨迹跟踪控制

7.5.4.1 操作过程

依据前文所设计的模糊PID控制器，应用MATLAB软件对模糊PID控制器进行建模，在FIS编辑器中进行编辑，其界面如图7-30所示。

建立好模糊PID控制器，则模糊PID控制仿真图在MATLAB中的实现如图7-31和图7-32所示。

7.5.4.2 仿真分析

根据所建好的模糊PID控制仿真模型，经过不断仿真调节量化因子k_e、k_{ec}和比例因子k_u，使其控制效果达到最佳状态时，$k_e=1000$，

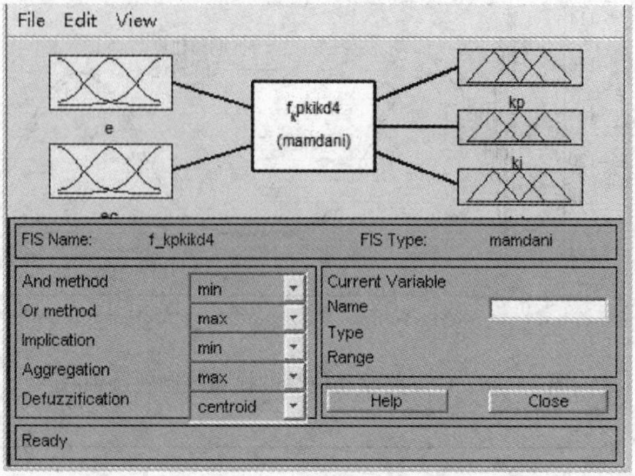

图7－30 模糊控制编辑器

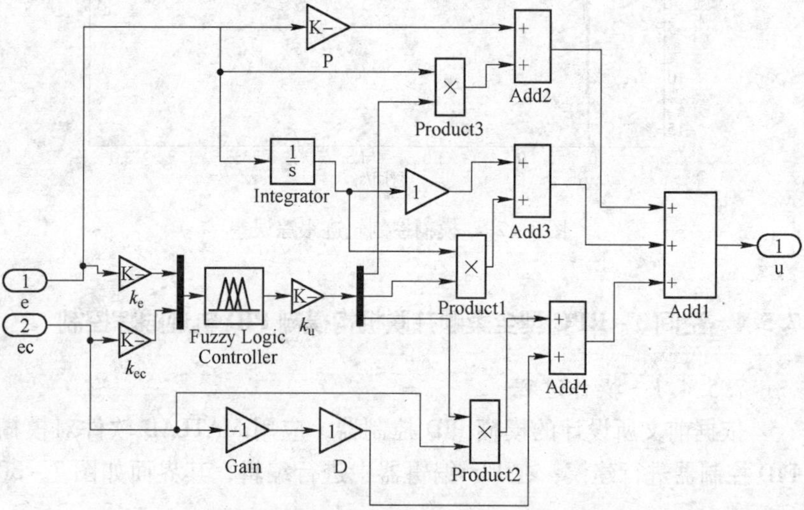

图7－31 模糊PID控制器

$k_{ec}=1000$，$k_u=1000$，$k'_p=1000$，$k'_i=1$，$k'_d=50$，仿真时间为10s，仿真结果如图7－33～图7－36所示。

从图7－33～图7－36可以看出，在模糊PID控制下的轨迹跟踪精度又更优于单独模糊控制下的轨迹跟踪精度，其跟踪误差更小，响

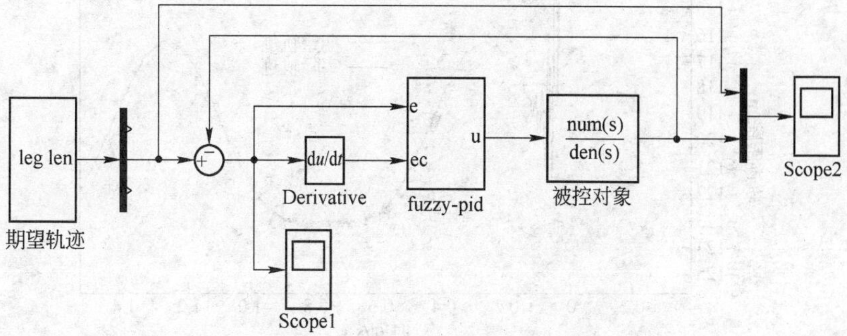

图 7－32 模糊 PID 控制仿真图

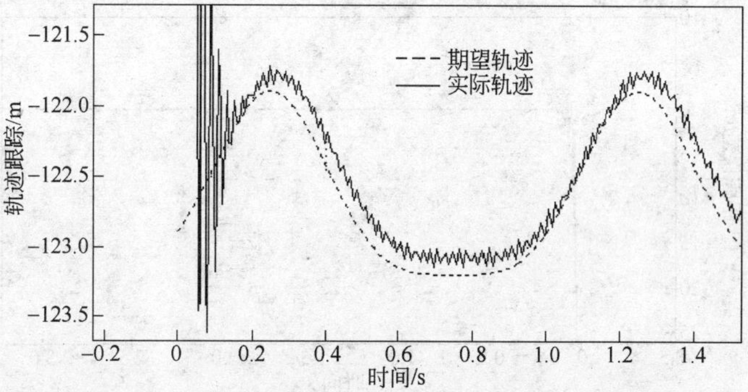

图 7－33 A 支路驱动位移的模糊 PID 控制轨迹跟踪

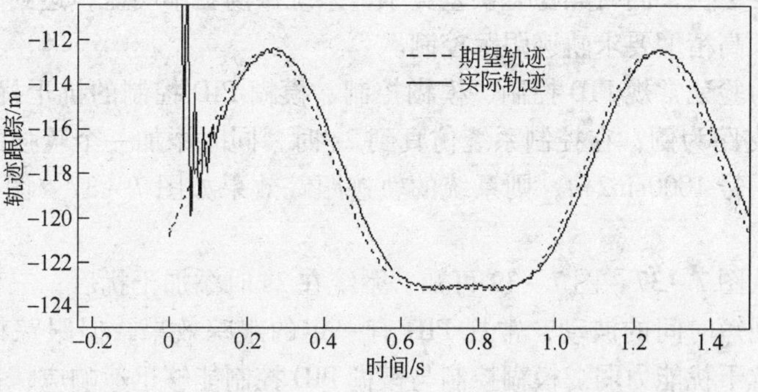

图 7－34 B 支路驱动位移的模糊 PID 控制轨迹跟踪

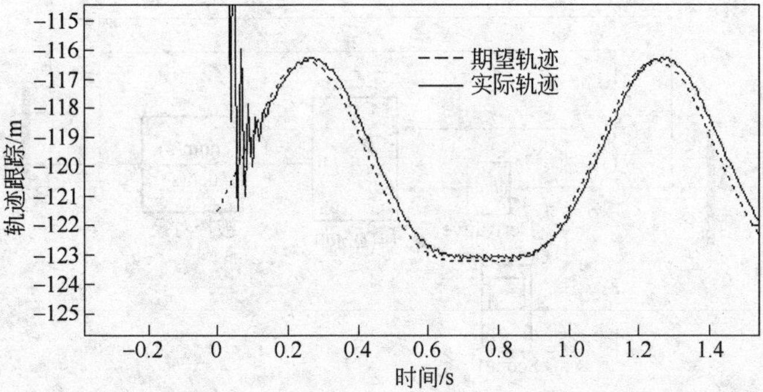

图7-35 C支路驱动位移的模糊PID控制轨迹跟踪

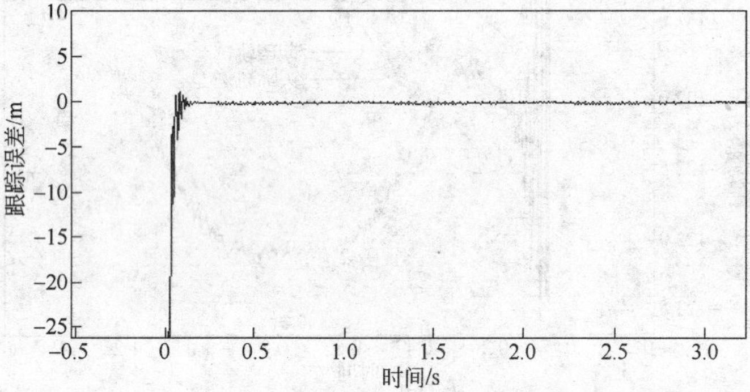

图7-36 模糊PID控制轨迹跟踪误差

应速度更快，同时其稳态误差更小，系统振荡更不明显，达到了并联机器人高精度要求轨迹跟踪控制。

为验证常规PID控制、模糊控制、模糊PID控制的抗干扰能力，以C支路为例，在控制系统仿真到2s时，同时添加一个较强的正弦干扰信号$1000\sin 2\pi t$，则系统的轨迹跟踪效果如图7-37～图7-39所示。

从图7-37～图7-39可知，系统在2s时添加干扰后，三种控制都出现短时间的波动，常规PID有一定的跟踪效果，但跟踪精度不高，抗干扰能力弱。模糊控制与模糊PID控制能够迅速响应，自动调节，很快又能够重新达到高精度的轨迹跟踪控制效果，从而验证了

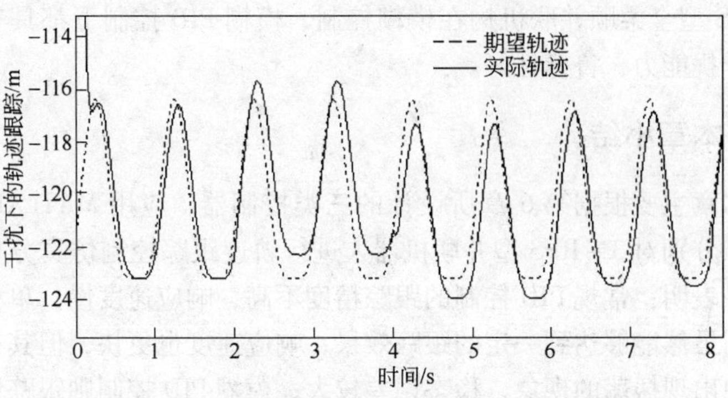

图7-37 C支路在干扰下常规PID控制轨迹跟踪

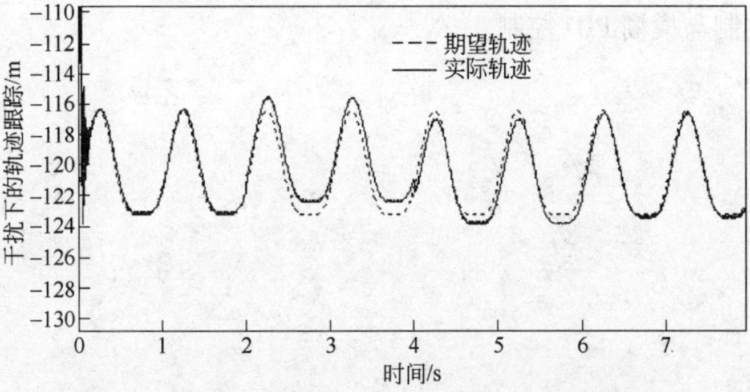

图7-38 C支路在干扰下模糊控制轨迹跟踪

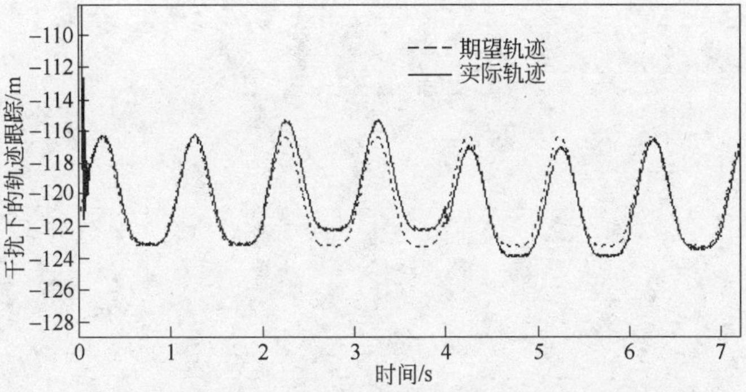

图7-39 C支路在干扰下模糊PID控制轨迹跟踪

3 – RPS 型全柔顺并联机构在模糊控制、模糊 PID 控制下都具有较强的抗干扰能力，鲁棒性好。

7.6 本章小结

本章主要根据第 6 章所设计的三类控制器，应用 MATLAB 软件建模，分别对 3 – RPS 型并联机器人进行轨迹跟踪控制仿真分析。仿真结果表明：常规 PID 控制的跟踪精度不高，响应速度慢；单独的模糊控制虽然能够达到一定的跟踪效果，响应速度也更快，但其在控制过程中出现振荡的现象，稳态误差较大；模糊 PID 控制则跟踪精度更高，误差更小，同时系统的振荡现象更不明显，稳态误差更小。最后通过对系统施加干扰，研究表明常规 PID 控制的抗干扰能力明显弱于模糊控制与模糊 PID 控制。

参考文献

[1] Buens R H, Crossley F R E. Kinetostatic synthesis of flexible link mechanisms, ASME Paper, 1968, No. 68 - MECH - 36.

[2] Her I. Methodology for compliant mechanism design [D], Indiana: Purdue University, 1986.

[3] Her I, Midha A. A compliance number concept for compliant mechanisms and type synthesis [J]. Journal of Mechanisms Transmissions, and Automation in Design, 1987, 109 (3): 348 ~ 355.

[4] Howell L L, Midha A. A method for design of compliant mechanisms with small - length flexural pivots [J]. Journal of Mechanical Design, 1994, 116 (1): 280 ~ 290.

[5] Her I, Chang J C. A linear scheme for the displacement analysis of micro - positioning stages with flexure hinges [J]. Journal of Mechanical Design, 1994, 116 (9): 770 ~ 776.

[6] Yu Y Q, Howell L L, Yue Y, et al. Dynamic modeling of compliant mechanisms based on the pseudo - rigid - body model [J]. Journal of Mechanical Design, 2005, 127 (4): 760 ~ 765.

[7] 于靖军，周强，毕树生，等. 基于动力学性能的全柔性机构优化设计 [J]. 机械工程学报，2003，39 (8): 32 ~ 36.

[8] Ananthasuresh G K, Kota S. Design and fabrication of microelectromechanical systems [C] //Proceedings of ASME Mechanism Conference, 1992, 45: 251 ~ 258.

[9] Shield R T, Prager W. Optimal structural design for given deflection [J]. Applied Mathematics and Physics, 1970, 21: 513 ~ 523.

[10] Frecker M I, Ananthasuresh G K, Nishiwaki S, et al. Topological synthesis of compliant mechanisms using multi - criterion optimization [J]. Journal of Mechanical Design, 1997, 119 (1): 238 ~ 245.

[11] Kikuchi N, Nishiwaki S, Fonseca E C N, et al. Design optimization method for compliant mechanisms and material microstructure [J]. Computer Methods in Applied Mechanics and Engineering, 1998, 151 (1): 401 ~ 417.

[12] Larsen U D, Sigmund O, Bouwstra S. Design and fabrication of compliant micromechanics and structures with negative Poisson's ration [J]. Journal of Microelectromechanical System, 1997, 6 (2): 99 ~ 106.

[13] Lau G K, Du H, Lim M K. Use of function specifications as objective function in topological optimization of compliant mechanism [J]. Computer Methods in Applied Mechanics and Engineering, 2001, 190: 4421 ~ 4423.

[14] Sigmund O. Design of multiphysics actuators using topology optimization - Part Ⅰ: one - material structures [J]. Computer Methods in Applied Mechanics and Engineering, 2001, 190 (49 ~ 50): 6577 ~ 6604.

[15] Sigmund O. Design of multiphysics actuators using topology optimization - Part Ⅱ: two material structures [J]. 2001, 190 (49~50): 6605~6627.

[16] Pedersen C B W, Buhl T, Sigmund O. Topology synthesis of large - displacement compliant mechanisms [J]. International Journal of Numerical Methods in Engineering, 2001, 50: 2683~2705.

[17] Saxena A. Synthesis of compliant mechanisms for path generation using algorithm [J]. Journal of Mechanical Design, 2001, 4 (127): 745~752.

[18] Joo J Y, Kota S. Topology synthesis of compliant mechanisms using nonlinear beam elements [J]. Mechanics Based Design of Structures and Machines, 2004, 32 (1): 17~38.

[19] Du Y X, Chen L P, Tian QH, et al. Topology synthesis of thermomechanical compliant mechanisms with geometrical nonlinearities using meshless method [J]. Advances in Engineering Software, 2008, 2: 1~8.

[20] Yin L, Ananthasuresh G K. A novel topology design scheme for the multi - physics problems of electro - thermally actuated compliant micromechanisms [J]. Sensors and Actuators, 2002: 599~609.

[21] Jonsmann J, Sigmund O, Bouwstra S. Compliant thermal miro actuators [J]. Sensors and Actuators, 1999, 76: 463~469.

[22] Hetrick J A, Kota S. An energy formulation for parametric size and shape optimization of compliant mechanisms [J]. Journal of Mechanical Design, 1999, 121: 229~233.

[23] Kota S, Joo J, Zhe L, et al. Design of compliant mechanisms: application to MEMS [J]. Analog Integrated Circuits and Signal Processing, 2001, 29: 7~15.

[24] 张宪民. 柔顺机构拓扑优化设计 [J]. 机械工程学报, 2003, 39 (11): 47~51.

[25] 谢先海, 廖道训. 基于均匀化方法的柔顺机构设计 [J]. 中国机械工程, 2003, 14 (11): 953~955.

[26] 孙宝元, 杨桂玉, 李震. 拓扑优化方法及其在微型柔性结构设计中的应用 [J]. 纳米技术与精密工程, 2003, 1 (1): 24~30.

[27] 杨桂玉. 拓扑优化方法及其在微型柔性机构设计中的应用研究 [D]. 大连: 大连理工大学, 2004.

[28] 刘震宇. 微型及小型柔性机械结构的拓扑优化设计方法 [D]. 大连: 大连理工大学, 2000.

[29] 梅玉林. 拓扑优化的水平集方法及其在刚性结构、柔性机构和材料设计中的应用 [D]. 大连: 大连理工大学, 2003.

[30] 李震. 柔性机构拓扑优化方法及其在微机电系统中的应用 [D]. 大连: 大连理工大学, 2005.

[31] 李路明, 王立鼎. MEMS 研究的新进展——微型系统及其发展应用的研究 [J]. 光学精密工程, 1997, 15 (1): 67~73.

[32] 周克民, 李俊峰, 李霞. 结构拓扑优化研究方法综述 [J]. 力学进展, 2005, 35

(1): 69 ~ 76.

[33] 张宪民，陈永健．考虑输出耦合时柔顺机构拓扑与压电驱动单元的优化设计［J］．机械工程学报，2005，41（8）：69～74.

[34] Wang Nianfeng, Tai K. Target matching problems and an adaptive constraint strategy for multiobjective design optimization using genetic algorithms [J]. Computers and Structures, 2010, 88 (19 ~ 20): 1064 ~ 1073.

[35] Shuib S, Ridzwan M I Z, Kadarman A H. Methodology of compliant mechanism in application a review [J]. American Journal of Applied Sciences, 2007, 4: 160 ~ 167.

[36] 左孔天．连续体结构拓扑优化理论与应用研究［D］．武汉：华中科技大学，2004.

[37] 占金青．基于基础结构法的柔顺机构拓扑优化设计研究［D］．广州：华南理工大学，2010.

[38] Michell A G M. The limits of economy of material in frame structure [J]. Philosophical Magazine, 1904, 8 (47): 589 ~ 597.

[39] Dorn W S, Gomory R E, Greenberg H J. Automatic design of optimal structures [J]. Journal of Mechanics, 1964, 3: 25 ~ 52.

[40] Jog C S, Haber R B. Stability of finite element models for distributed - parameter optimization and topology design [J]. Computer Methods in Applied Mechanics and Engineering, 1996, 130 (3 ~ 4): 203 ~ 226.

[41] Petersson J, Sigmund O. Slope constrained topology optimization [J]. International Journal for Numerical Methods in Engineering, 1998, 41 (8): 1417 ~ 1434.

[42] Zhou M, Shyy Y K, Thomas H L. Checkerboard and minimum member size control in topology optimization [J]. Structure and Multidisciplinary Optimization, 2001, 21 (2): 152 ~ 158.

[43] Ringertz U. On optimal optimization of trusses [J]. Engineering Optimization, 1985, 9 (3): 209 ~ 218.

[44] 程耿东．关于桁架结构拓扑优化设计中的奇异最优解［J］．大连理工大学学报，2000，40（2）：379～383.

[45] Bendsoe M P, Kikuchi N. Generating optimal topologies in structural design using a homogenization method [J]. Computer Methods in Applied Mechanics and Engineering, 1988, 71 (2): 197 ~ 224.

[46] 王健，程耿东．应力约束下薄板结构的拓扑优化［J］．固体力学学报，1997，18（4）：317～322.

[47] Tenek L H, Hagiwara I. Optimal rectangular plate and shallow shell topologies using thickness distribution or homogenization method [J]. Computer Methods in Applied Mechanics and Engineering, 1994, 115 (1 ~ 2): 111 ~ 124.

[48] 周克民，胡云昌．用可退化有限单元进行平面连续体拓扑优化［J］．应用力学学报，2002，19（1）：124～126.

[49] 周克民，胡云昌．结合拓扑分析进行平面连续体拓扑优化［J］．天津大学学报，

2001, 34 (3): 340 ~ 345.

[50] Cheng K T, Olhoff N. An investigation concerning optimal design of solid elastic plates [J]. International Journal of Solids and Structures, 1981, 17 (3): 305 ~ 323.

[51] Bendsoe M P, Rodrigues H C. Intergrated topology and boundary shape optimization of 2 – D solids [J]. Computer Methods in Applied Mechanics and Engineering, 1991, 87: 15 ~ 34.

[52] Bendsoe M P, Sigmund O. Material interpolations in topology optimization [J]. Archive of Applied Mechanics, 1999, 69: 725 ~ 741.

[53] Olhoff N, Bendsoe M P, Rasmussan J. On CAD – integrated structural topology and design optimization [J]. Computer Methods in Applied Mechanics and Engineering, 1991, 89 (1 ~ 3): 259 ~ 279.

[54] Tenek L H, Hasgiwara I. Optimization of material distribution within isotropic and anisotropic plates using honmogenization [J]. Computer Methods in Applied Mechanics and Engineering, 1993, 109 (1 ~ 2): 155 ~ 167.

[55] Rozvany G I N, Zhou M, Birker T. Why multi – load topology design based on orthogonal microstructures are in general non – optimal [J]. Structural Optimization, 1993, 6 (3): 200 – 204.

[56] Diaz A R, Bendsoe M P. Shape optimization of structures for multiple loading conditions using the homogenization method [J]. Structural Optimization, 1992, 4 (1): 17 ~ 22.

[57] Suzuki K, Kikuchi N. Layout optimization using homogenization method: generalized layout design of 3 – D shelles for car bodies [C] //In the International Conference of NATO/DFG ASI Optimization of Large Structural System, 1991, 3: 110 ~ 126.

[58] Tenek L H, Hagiwara I. Static and viberational shape and topology optimization using homogenization and mathematical programming [J]. Computer Methods in Applied Mechanics and Engineering, 1993, 109 (1 ~ 2): 143 ~ 154.

[59] Ma Z D, Kikuchi N, Cheng H C. Topological design for viberating structures [J]. Computer Methods in Applied Mechanics and Engineering, 1995, 121: 259 ~ 280.

[60] Rodrigues H, Fernandes P. A material based model for topology optimization of thermoelastic structures [J]. International Journal Numerical Methods in Engineering, 1995, 38: 1951 ~ 1965.

[61] Neves M M, Rodrigues H, Gudes J M. Generalized topology design of structures with a buckling load criterion [J]. Structural Optimization, 1995, 10 (2): 71 ~ 78.

[62] Fukushima J, Suzuki K. Applications to car bodies: generalized layout design of 3 – D shells for car bodies [C]//In the International Conference of NATO/DFG ASI Optimization of Large Structural System, 1991, 3: 127 ~ 138.

[63] Cheng H C, Kikuchi N, Ma Z D. An improved approach for determining the optimal orientation or orthotropic material [J]. Structural Optimization, 1994, 8 (2 ~ 3): 101 ~ 112.

[64] Mlejnek H P. Some aspects of the genesis of structures [J]. Structural Optimization, 1992, 5 (1~2): 64~69.

[65] Yang R J. Topology optimization analysis with multiple constraints [J]. American Society of Mechanical Engineers, Design Engineering Division, 1995, 147: 393~398.

[66] 王健，程耿东．应力约束下平面弹性结构拓扑优化设计——密度法 [J]. 计算力学学报，1997，14：541~546.

[67] 袁振，吴长春，庄守兵．基于杂交元和变密度法的连续体结构拓扑优化设计 [J]. 中国科学技术大学学报，2001，31 (6)：694~699.

[68] Li Q, Steven G P, Querin O M. Shape and topology design for heat conduction by evolutionary structural optimization [J]. International Journal of Heat and Mass Transfer, 1999, 42 (17): 3361~3371.

[69] Xie YM, Steven G P. Evolutionary structural optimization for dynamic problems [J]. Computers and Structures, 1996, 58 (6): 1067~1073.

[70] Kim H, Querin O M, Steven G P, Xie Y M. Improving efficiency of evolutionary structural optimization by implementing fixed grid mesh [J]. Structural and Multidisciplinary Optimization, 2003, 24 (6): 441~448.

[71] Sethian J A, Wiegmann A. Structural boundary design via level set and immersed interface methods [J]. Journal of Computational Physics, 2000, 163 (2): 489~528.

[72] Allaire G, Jouve F. A level-set method for vibaration and multiple loads structural optimization [J]. Computer Mehtods in Applied Mechanics and Engineering, 2005, 194: 3269~3290.

[73] Wang M Y, Chen S, Wang X M, et al. Design of multimaterial compliant mechanisms using level-set methods [J]. Journal of Mechanical Design, 2005, 127: 941~956.

[74] Amstutz S, Andra H. A new algorithm for topology optimization using a level-set method [J]. Journal Computational Physics, 2006, 216: 573~588.

[75] Eschenauer H A, Kobelev H A, Schumacher A. Bubble method for topology and shape optimization of structures [J]. Structural and Multidisciplinary Optimization, 1994, 8: 142~151.

[76] 隋允康，任旭春，龙连春，等．基于ICM方法的刚架拓扑优化 [J]. 计算力学学报，2003，6 (20)：286~289.

[77] 张策，黄永强，王子良，等．弹性连杆机构的分析与设计 [M]. 2版．北京：机械工业出版社，1997.

[78] 刘宏昭，曹惟庆．关于多柔体动力学与弹性机构动力学的讨论 [J]. 机械设计，1994，1 (4)：26~31.

[79] Bricout J N, Debus J C, Picheau. A finite element model for the dynamics of flexible manipulators [J]. Mechanism and Machine Theory, 1990, 25: 119~128.

[80] Erdman A Q, Sandor G N. A general method for kineto-elastodynamic analysis and synthe-

sis of mechanisms [J]. ASME Transaction on Engineering for Industry, 1972, 94 (4): 1193 ~ 1205.

[81] Imam I, Sandor G N, Kramer SN. Deflection and stress analysis of high – speed mechanisms with elastic links [J]. ASME Transaction on Engineering for Industry, 1973, 95 (3): 541 ~ 548.

[82] Imam I, Sandor G N. A general method of kineto – elastodynamic design of high – speed mechanisms [J]. Mechanism and Machine Theory, 1973, 8: 497 ~ 516.

[83] Bahgat B M, Willmert K D. Finite element vibrational analysis of planar mechanism [J]. Mechanism and Machine Theory, 1976, 11: 47 ~ 71.

[84] Midha A, Erdman A G, Frohrib D A. Finite element approach to mathematical modeling of high – speed elastic linkages [J]. Mechanism and Machine Theory, 1978, 13: 603 ~ 618.

[85] Nath P K, Ghosh A. Steady state response of mechanisms with elastic links by finite element method [J]. Mechanism and Machine Theory, 1980, 15: 199 ~ 211.

[86] Trucic D A, Midha A. Generalized equations of motion for the dynamic analysis of elastic mechanism systems [J]. ASME Transaction on Dynamic Systems Measurement and Control, 1984, 106 (3): 243 ~ 248.

[87] Turcic D A, Midha A. Dynamic analysis of elastic mechanism systems Part Ⅱ: Applications [J]. ASME Transaction on Dynamic Systems Measurement and Control, 1984, 106 (3): 249 ~ 254.

[88] Cleghorn W L, Fenton R G, Tabarrok B. Steady – state vibration response of high – speed mechanisms [J]. Mechanism and Machine Theory, 1984, 19: 417 ~ 423.

[89] Lieh J. Dynamic modeling of a slider – crank mechanism with coupler and joint flexibility [J]. Mechanism and Machine Theory, 1994, 29: 139 ~ 147.

[90] Fallahi B, Lai S, Venkat C A. A finite element formulation of a flexible slider – crank mechanism using local coordinate [J]. ASME Transaction on Mechanical Design, 1995, 117 (3): 329 ~ 338.

[91] Bricout J N, Debus J C, Micheau P. A finite elcment model for the dynamics of flexible manipulators [J]. Mechanism and Machine Theory, 1990, 25: 119 ~ 128.

[92] 商大中，曹承佳，李宏亮．考虑刚体运动与弹性运动耦合影响的旋转叶片振动有限元分析 [J]．计算力学学报，2000，17 (3)：330 ~ 338.

[93] Lin S M. Dynamic analysis of rotating nonuiform Timoshenko beams with an elastically restrained root [J]. ASME Transaction on Applied Mechanics, 1999, 66 (3): 742 ~ 749.

[94] Links P W. Finite element appendage equations for hybrid coordinate dynamic analysis [J]. International Journal of Solids and Structures, 1972, 8 (1): 709 ~ 731.

[95] Links P W. Dynamic analydid of a system of hinge – connected rigid bodiess with nonrigid appendages [J]. International Journal of Solids and Structures, 1973, 9 (2): 1473 ~ 1487.

[96] Meirovitch L, Nelson H D. High spin motion of satellite containing elastic parts [J]. Journal of Spacecraft and Rocket, 1966, 13 (5): 1597 ~1602.

[97] Kane T R, Levinson D A. Formulation of equation of motion for complex spacecrafe [J]. Journal of Guidance Control and Dynamics, 1980, 3 (2): 99 ~112.

[98] Naganathan G, Soni A H. Nonlinear modeling of kinematic and flexibility effects in manipulator design [J]. ASME Transaction on Automation in Design, 1988, 110 (4): 243 ~254.

[99] Yue S G, Yu Y Q, Bai S X. Flexible robot beam element for the manipulatros with joint and link flexibility [J]. Mechanism and Machine Theory, 1997, 32: 209 ~219.

[100] 王照林，王大力．多弹性连杆机器人的建模与控制 [M]．上海：上海交通大学出版社，1992.

[101] Stewart D. A platform with six – degree – of – freedom [C] // Proceedings of the Institute of Mechanical Engineering, London: UK, 1965, 180 (5): 371 ~386.

[102] Hunt K H. Kinematic geometry of mechanisms [M]. Oxford, Great Britain: Oxford University Press, 1978.

[103] Clavel R. Delta. A fast robot with parallel geometry [C] // Proceeding 18th Int Symp on Industrial Robot, Lausanne, 1988: 91 ~100.

[104] Fichter E F. A Stewart Platform – Based Manipulator: General Theory and Practical construction [J]. The Int. J. Robotics Research, 1986, 5 (2): 157 ~182.

[105] 黄真．平行支路机械手动力模型（二）模型建立及实例 [C] //第2届机构学专题讨论会，1984，10.

[106] Behi F. Kinematic analysis for a six – degree – of – freedom 3 – PRPS parallel manipulator [J]. IEEE J. of Robotics and Automation, 1988, 4 (5): 561 ~565.

[107] Mouly N, Merlet J P. Singular configurations and direct kinematics of a new parallel manipulator [J]. IEEE Proc. On Robottics and Automation, Nice, France, May 1992: 338 ~343.

[108] Alizade R I, Tagiyev N R, Duffy J. A forward and reverse displacement analysis of a 6 – DOC in – parallel manipulator [J]. MMT, 1994, 29 (1): 115 ~124.

[109] Byun Y K, Cho H S. Analysis of a novel 6 – DOC 3 – PPSP parallel manipulator [J]. The Int. J. Robotics Research, 1997, 16 (6): 859 ~872.

[110] Tsai L W, Tahmasebi F. Synthesis and analysis of a new class of six – degree – of – freedom parallel minimanipulators [J]. J. Robotic Systems, 1993, 10 (5): 561 ~580.

[111] Hudgens J C, TESAR D. A fully – parallel six degree of freedom micromanipulator: kinematic analysis and dynamic model [C] // Proc. 20th Biennal ASME Mechanisms Conf, Trends and Sevelopment in Mechanisms Machines and Robotics, 1988, 15 (3): 29 ~37.

[112] Kerr D R. Analysis properties and design of a stewart – platform transducer [J]. J. Mech. Transm. Auto. Design, 1989, 111: 25 ~28.

[113] Nguyen C C, Antrazi S S, Zhou Z L, et al. Analysis and experimentation of a stewart platform – based force/torque sensor [J]. International Journal of Robotics and Automation,

1992, 7 (3): 133 ~ 140.

[114] Ferraresi C. Static and dynamic behavior of a high stiffness stewart platform – based force/torque sensor [J]. Journal of Robotic Systems, 1995, 12 (12): 883 ~ 893.

[115] Hudegns J C, Tesar D. A Fully – parallel 6 – DOF micro – manipulator: kinematic analysis and dynamic model [J]. ASME Mechanical Conf, 1988, 3: 29 ~ 37.

[116] Hunt K H, Primrose E J. Assembly configuration of some in parallel – actuated manipulators [J]. Mach Mech Theory, 1993, 28 (1): 31 ~ 42.

[117] 梁崇高，荣辉．一种 Sewart 平台型机械手位移正解 [J]. 机械工程学报，1991，27 (2): 26 ~ 30.

[118] Cox D J. The dynamic modeling and command signal formulation for parallel multi – parameter robotic deviced [R]. The Thesis Presented to the University of Florida, 1981.

[119] Thomas H C, Yuan – Chou, Tesar D. Optimal actuator sizing for robotic manipulators based on local dynamic criteria [J]. Jounal of Mecha. Trans. and Autom. in Design, 1985, 107 (6): 163 ~ 169.

[120] Gosselin C M, Angeles J. The optimum kinematic design of a planar three – degree – of – freedom parallel manipulator [J]. ASME, Journal of Mechanisms Transmissions and Automation in Design, 1988, 110 (1): 35 ~ 41.

[121] Gosselin C M, Sefrioui J, Richard M J. On the direct kinematics of general spherical 3 – DOF parallel manipulator [J]. Proc. of ASME Mech. Conf, 1992: 7 ~ 11.

[122] Gosselin C M. On the kinematic design of spherical 3 – DOF parallel manipulators [J]. Int. J. Rob. Res. 1993, 12 (4): 393 ~ 402.

[123] Tsai L W. Kinematics of a three – DOF platform manipulator with three extensible limbs [C] // Recent Advances in Robot Kinematics. London: Kluwer Academic Publishers, 1996: 401 ~ 410.

[124] Tsai L W, Joshi S. Kinematics and optimization of a spatial 3 – UPU parallel manipulator [J]. ASME Journal of Mechanical and Design, 2000, 122: 439 ~ 446.

[125] Tsai L W, Joshi S. Kinematic analysis of 3 – DOF position mechanisms for use in hybrid kinematic machines [J]. ASME Journal of Mechanical and Design, 2002, 124 (2): 245 ~ 253.

[126] Di Gregorio R, Parenti – Castelli V. A translational 3 – DOF parallel manipulator [C] // In Advances in Robot Kinematics: Analysis and Control. London: Kluwer Academic Publishers, 1998: 49 ~ 58.

[127] Gregorio R D, Parenti – Castelli V. Mobility analysis of the 3 – UPU parallel mechanism assembled for a pure translational motion [C] // In Proc. of IEEE/ASME International Conference on Advanced Intelligent Mechatronics, 1999: 520 ~ 525.

[128] Gregorio R D. Kinematics of the Translational 3 – URC Mechanism [J]. In Proc. of IEEE/ASME International Conference on Advanced Intelligent Mechatronics, 2001: 147 ~ 152.

[129] Kong X, Gosselin C. Generation of parallel manipulators with three translational degrees of freedom based on screw theory [C] //The IFTOMM Symposium on Mechanisms, Machines, and Mechatronics, Saint - Hubert, Canada, 2001.

[130] Carricato M, Parenti - Castelli V. A Family of 3 - DOF Translational parallel manipulators [C] //In Proc. ASME Design Engineering Technical Conferences, DAC - 210352001, 2001.

[131] Lee K M, Shah D K. Kinematic analysis of a three - degree - of - freedom in parallel actuated manipulator [J]. IEEE Journal of Robotics and Automation, 1988, 4 (3): 354 ~ 360.

[132] Tsai L W. Multi - degree - of - freedom mechanisms for machine tools and the like: U S, 5656905 [P]. 1997.

[133] Kim H S, Tsai L W. Design optimization of a cartesian parallel manipulator [C] //In Proc. 2002 ASME International Design Engineering Technical Conferences, 2002.

[134] Asada H, Granito C. Kinematic and static characterization of wrist joints and their optimal design [C] //In Proc. of IEEE Int. Conf. on Robotics and Automation, 1985: 244 ~ 250.

[135] Karouia M, Hervé J M. A three - DOF tripod for generating spherical rotation [C] //In Advances in Robot Kinematics London: Kluwer Academic Publishers, 2000: 395 ~ 402.

[136] Vischer P, Clavel R. Argos: a novel 3 - DOF parallel wrist mechanism [J]. The International Journal of Robotics Research, 2000, 19 (1): 5 ~ 11.

[137] Di Gregorio R. A new parallel wrist using only revolute pairs: the 3 - RUU wrist [J]. Robotica, 2001, 19 (3): 305 ~ 309.

[138] Hunt K H. Structure kinematics of in - parallel - actuated robot - arms [J]. Journal of Mechanical, Transmissions and Automation in Design, 1983, 105: 705 ~ 712.

[139] Lee K M, Arjunan S. A 3 - DOF micro - motion in - parallel actuated manipulator [J]. Proc. IEEE Conf. Rob. Aut, 1998: 1698 ~ 1703.

[140] Pfreundschuh G H, Kumer V. Design and Control of a 3 - DOF in - parallel actuated manipulation [J]. IEEE Int Conf on Robot and Automation, 1991: 1659 ~ 1664.

[141] Pernette E, Henein S Magnani I, Clavel R. Design of parallel robots in microrobotics [J]. Robotics, 1997, 15: 417 ~ 420.

[142] Huang Z, Tao W S, Fang Y F. Study on the kinematic characteristics analysis of 3 - DOC in - parallel actuated platform mechanisms [J]. Mechanism and Machine Theory, 1996, 31 (8): 999 ~ 1007.

[143] Huang Z, Fang Y F. Kinematic characteristics analysis of 3 - DOC in - parallel actuated pyramid mechanisms [J]. Mechanism and Machine Theory, 1996, 31 (8): 1009 ~ 1018.

[144] 方跃法，黄真. 三自由度 3 - RPS 并联机器人操作器的瞬时独立运动分析 [J]. 机械科学与技术, 1996, 15 (6): 929 ~ 934.

[145] 方跃法，黄真. 三自由度 3 - RPS 并联机器人机构的运动分析 [J]. 机械科学与技术, 1996, 16 (1): 82 ~ 88.

[146] Fang Y F, Huang Z. Dynamic model of a three - degree - of - freedom parallel robot [J]. Chinese J. of Mechanical Engineering, 1997, 10 (1): 13 ~ 18.

[147] 黄真，赵铁石，李秦川. 空间少自由度并联机器人机构的基础综合理论 [C] // 第一届国际机械工程学术会议，上海，2000.

[148] 方跃法，黄真. 三自由度并联机器人操作平台的主运动螺旋研究 [J]. 中国机械工程，1998，11 (7): 805 ~ 808.

[149] Fang Y F, Tsai L W. Enumeration of 3 - DOF translational parallel manipulators using the theory of reciprocal screws, submitted for publication, ASME Transactions [J]. Journal of Mechanical Design, 2002, paper No. 020521.

[150] Fang Y F, Tsai L W. Structure synthesis of 3 - DOF rotational parallel manipulators [J]. IEEE Transactions, Robotics and Automation, 2002.

[151] 刘辛军，汪劲松. 一种新型空间 3 自由度并联机构的正反解及工作空间分析 [J]. 机械工程学报，2001，37 (10): 36 ~ 39.

[152] Zlatanov D, Gosselin C M. A family of new parallel architectures with four degrees of freedom [J]. Computational Kinematics, 2001: 57 ~ 66.

[153] Company O, Pierrot F. A new 3T - 1R parallel robot [C] // In Proc Int Conf. on Robotics and Automation, Tokyo, Japan, 25 ~ 27 Octobre 1999: 557 ~ 562.

[154] Pierrot F, Company O. H4: a new family of 4 - DOF parallel robots [C] // AIM' 99: IEEE/ASME International Conference on Advanced Intelligent Mechatronics, Atlanta, Georgia, USA, September 19 ~ 22, 1999: 508 ~ 513.

[155] Pierrot F, Marquet F, Company O, Gil T. H4 parallel robot: modeling, design and preliminary experiments [J]. IEEE Int. Conf. On Robotics and Automation, Seoul, Korea, May 2001.

[156] Fang Y F, Tsai L W. Structural synthesis of 4 - DOF and 5 - DOF parallel manipulators with identical limbs [J]. The International Journal of Robotics Research, 2002, 21 (9): 799 ~ 810.

[157] Wang J, Gosselin C M. Kinematic analysis and singularity loci of spatial four - degree - of - freedom parallel manipulators using a vector formulation [J]. ASME J. of Mechanical Design, 1998, 120 (4): 555 ~ 558.

[158] Wang J, Gosselin C M. Kinematic analysis and singularity representation of spatial five - degree - of - freedom parallel mechanisms [J]. Journal of Robotic Systems, 1997, 14 (12): 851 ~ 869.

[159] Hesselbach J, Plitea N, Frindt M, et al. A new parallel mechanism to use for cutting convex glass panels [J]. Advances in Robot Kinematics. London: Kluwer Academic, 1998: 165 ~ 174.

[160] Rolland L H. The manta and the kanuk novel 4 - DOF parallel mechanisms for industrial handling [C] // In ASME Int. Mech. Eng. Congress, Nashville, 14 ~ 19 November 1999.

[161] Lenarcic J, Stanisic M M, Parenti – Castelli V. A 4 – DOF parallel mechanism simulating the movement of the human sternum – clavicle – scapula complex [J]. In Advances in Robot Kinematics, Lenarcic J. and Stanisic M. M, Kluwer Academic, London: 325 ~ 332.
[162] Tanev T K. Forward displacement analysis of a three legged four – degree – of – freedom parallel manipulator [J]. Advances in Robot Kinematics: Analysis and Control, 1998: 147 ~ 154.
[163] 金琼，杨廷力．基于单开链单元的三平移一转动并联机器人机构型综合及分类 [J]．中国机械工程，2001，12 (9)：1038 ~ 1043.
[164] 杨廷力．机器人机构拓扑结构学 [M]．北京：机械工业出版社，2004.
[165] Huang Z, Li Q C. General methodology for type synthesis of symmetrical lower – mobility parallel manipulators and several novel manipulators [J]. The International Journal of Robotics Research, 2002, 21 (2): 131 ~ 146.
[166] 黄真，李秦川．两种新型对称五自由度并联机器人机构 [J]．燕山大学学报，2001，25 (4)：283 ~ 286.
[167] 黄真，李秦川．约束综合法及4、5对称并联机构 [J]．燕山大学学报，2003，27 (1)：1 ~ 7.
[168] 董孔如，张祥德，赵明扬．一种4自由度并联机构位置正解的快速算法 [J]．机器人，1999，21 (7)：620 ~ 624.
[169] 赵明扬，陈文家，王洪光，等．混合型4自由度并联机构及其运动学建模 [J]．机械工程学报，2002，38 (1)：123 ~ 126.
[170] Chen W J, Zhao M Y, Zhou J P, et al. A 2T – 2R 4 – DOF parallel manipulator [C] // In CD – ROM Proceedings, 2002 ASME DETC/CIE, Montreal, Canada, DETC2002/MECH – 34303.
[171] 徐礼钜，范守文，徐雪梅．新型混联五自由度虚拟轴机床：中国，01107247.4 [P].
[172] 范守文，徐礼钜，甘泉．新型混联虚拟轴机床加工仿真系统的设计与实现 [J]．机械科学与技术，2002，21 (5)：796 ~ 798.
[173] Herve J M. Design of parallel manipulators via the displacement group [C] // Proceedings 9th World Congress on the Theory of Machines and Mechanisms, Milan, 30 – August – 2 – September 1995: 2079 ~ 2082.
[174] Merlet J P. Parallel robots: open problems [C] // 9th International Symposium of Robotics Research (ISRR'99), Snowbird, UT, October 9 ~ 12, 1999.
[175] Herve J M. Group mathematics and parallel link mechanisms [J]. In IMACS/SICE Int. Symp. On Robotics, Mechatronics, and Manufacturing systems, 1992: 459 ~ 464.
[176] Philips J R. Freedom In Machinery [M]. Cambridge: Cambridge University Press, 1990.
[177] Scire F E, Teague E C. Piezodriven 50μm range stage with subnanometer resolution [J]. Review of Scientific Instruments, 1978, 49 (12): 1735 ~ 1740.
[178] 刘德忠，许章华，费仁元．柔性铰链放大器的设计与加工技术 [J]．上海工业大学

学报，2001，6：161～163.

[179] Fu J，et al. Long－range stage for scanning tunneling microscopy［J］. Review of Scientific Instruments，1992，63（4）：2200～2205.

[180] 于靖军，宗光华，毕树生，等．纳米级精度柔性机器人的设计方法及实现研究［J］．中国机械工程，2002，13（18）：1577～1580.

[181] Ku S S，Cetinkunt U P，Nakajina S. Design，fabrication and real－time neural network control of three degree－of－freedom nanopositioner［J］. IEEE/ASME Transactions on Mechatronics，2000，5（3）：273～280.

[182] 吴鹰飞，李勇，周兆英，等．蠕动式 $x-y-\theta$ 微动工作台的设计实现［J］．中国机械工程，2001，12（3）：263～265.

[183] Hara A，Sugimoto K. Synthesis of parallel micromanipulators［J］. Journal of Mechanisms，Transmissions，and Automation in Design，1989，111：34～39.

[184] Taniguchi M，Ikrda M，Inagaki A，Funstsu R. Ultra precision wafer positioning by six－axis miro－motion mechanism［J］. International Journal of Japan Society Precision Engineering，1992，26（1）：35～40.

[185] Russell R A. A robotic system for performing sub－millimeter grasping and manipulation tasks［J］. Robotics and Autonomous Systems，1994，13：209～218.

[186] Tanikawa T，Arai T. Development of a micro－manipulation system having a two fingered micro－hand［J］. IEEE Transaction on Robotics and Automation，1999，15（1）：152～162.

[187] Lee K M，Arjunan S. A 3－DOF micro motion in parallel actuated manipulator［J］. IEEE Transaction on Robotics and Automation，1991，7（5）：634～641.

[188] Fedderna J T，Wsimon R. CAD driven microassembly and visual servo［C］//，Proceedings of the 1998 IEEE International Conference on Robotics and Automation，Leven，Belgium，1998：1212～1219.

[189] 于靖军，毕树生，宗光华，等．基于伪刚体模型法的全柔性机构位置分析［J］．机械工程学报，2002，38（2）：75～78.

[190] 于靖军，宗光华，等．3 自由度柔性微机器人的静刚度分析［J］．机械工程学报，2002，38（4）：7～10.

[191] Gao Feng，Zhang Jianjun，et al. Development of a new type of 6－DOF parallel micromanipulator and its control system［C］//IEEE International Conference on Robotics，Intelligent Systems and Signal Processing，Changsha，China，2003：712～715.

[192] Paros J M，Weisbord L. How to design flexure hinge［J］. Machine Design，1965，37：151～157.

[193] 吴鹰飞，周兆英．柔性铰链的应用［J］．中国机械工程，2002，13（18）：1615～1618.

[194] Chol B J，Johnson S，Sreenivasan S V，et al. Partially constrained compliant stages for

high resolution imprint lithography [C] // ASME 2000 Design Engineering Technical Conference and Computers and Information in Engineering Conference, Baltimore, Maryland, 2000.

[195] Henein S, Bottinelli S, Clavel R. Parallel spring stages with flexures of micrometric cross – sections [C] // Proceedings of SPIE International Symposium on Intelligent Systems & Advanced Manufacturing, Pittsburgh, USA, 1998: 209 ~ 220.

[196] Chao D H, Liu R, Zong G H. Development of an automatic packaging system for waveguides [C] // 2005 International Conference on Mechanical Engineering and Mechanics, Nanjing, China, 2005, 1: 395 ~ 399.

[197] Xu W, King T. Flexure hinges for piezoactuator displacement amplifiers: flexibility, accuracy, and stress considerations [J]. Precision Engineering, 1996, 19 (1): 4 ~ 10.

[198] Smith S T, Badami V G, Dale J S. Elleptical flexure hinges [J]. Reviews of Science Instrument, American Institute of Physics, 1997, 68 (3): 1474 ~ 1483.

[199] Nicolae Lobontiu, Jeffrey S N, Ephrahim Garcia, et al. Corner – filleted flexure hinges [J]. Journal of Mechanical Design, Transaction on the ASME, 2001, 123 (9): 346 ~ 352.

[200] Lobontiu N, Paine J, et al. Parabolic and hyperbolic flexure hinges: flexibility, motion precision and stress characterization based on compliance close – form equations [J]. Precision Engineering, Joural of International Societis for Precision Engineering and Nanotechnology, 2002, 26: 183 ~ 292.

[201] Nicolae Lobontiu, Jeffrey S N, Ephrahim Garcia, et al. Design of symmetric conic – section flexure hinges based on closed form compliance equations [J]. Mechanism and Machine Theory, 2002, 37 (5): 477 ~ 498.

[202] Nicolae Lobonțiu, Ephrahim Garcia, et al. Stiffness characterization of corner – filled flexure hinges [J]. Review of Scientific Instruments, 2004, 75 (11): 4896 ~ 4904.

[203] 陈贵敏，贾建援，勾燕洁．混合型柔性铰链研究 [J]．仪器仪表学报，2004，25 (4)：110 ~ 112.

[204] 陈贵敏，贾建援，刘小院，等．柔性铰链精度特性研究 [J]．仪器仪表学报，2004，25 (4)：107 ~ 109.

[205] Pernette E, Henein S, Magnani I, et al. Design of parallel robots in microrobots [J]. Robotica, 1997, 15: 417 ~ 420.

[206] 余志伟．基于屈曲的柔性铰链设计方法研究 [D]．北京：北京航空航天大学，2007.

[207] Xu Qingsong, Li Yangmin. Statics and Dynamics performance evaluation for a high precision XYZ compliant parallel micromanipulator [C] // Proceedings of the 2007 IEEE International Conference on Robotics and Biomimetics, December 15 ~ 18, Sanya, China, 2007: 65 ~ 70.

[208] Zhu Dachang, Chen Yuhang, Meng Li. Structure analysis of UPC type 3 - DOF rotational spatial compliant parallel manipulator [J]. Applied Mechanics and Materials, 2011, 44 ~ 47: 1370 ~ 1374.

[209] Zhu Dachang, Meng Li, Jiang Tao. Structure synthesis of 3 - RRS type spatial compliant parallel manipulator [J]. Applied Mechanics and Materials, 2011, 44 ~ 47: 1375 ~ 1379.

[210] Zhu Dachang, Gu Qihua, Wang Liang, Xiao Fan. A novel structure design of 4 - DOF spatial compliant parallel manipulator [J]. Key Engineering Materials, 2011, 474 ~ 476: 1069 ~ 1074.

[211] Zhu Dachang, Xiao Fan, Wang Liang, Gu Qihua. Configuration design and kinematic analysis on some new 2R1T 3 - DOF parallel robots [J]. Key Engineering Materials - Advanced Materials and Computer Science, 2011, 474 ~ 476: 840 ~ 845.

[212] 朱大昌, 张国新. 基于螺旋理论的3 - RPS型并联机器人运动学分析 [J]. 机械设计与制造, 2011, 7: 149 ~ 150.

[213] Siciliano B, Villani L. Parallel force and position control of flexible manipulators [J]. IEEE Proceedings: Control Theory and Applications, 2000, 147 (6): 605 ~ 612.

[214] Canfield S L, Beard J W. A model for optimization and control of spatial compliant manipulators [J]. International Journal of Robotics and Automation, 2006, 21 (1): 10 ~ 18.

[215] Sugar Thomas G, Kumar Vijay. Journal of mechanical design [J]. Transactions of the ASME, 2002, 124 (4): 676 ~ 683.

[216] Yun Y, Li Y. Modeling and control analysis of a 3 - pupu dual compliant parallel manipulator for micro positioning and active vibration isolation [J]. Journal of Dynamic Systems, Measurement and Control, Transaction of the ASME, 2012, 134: 021001 - 1 ~ 021001 - 9.